Pensando em sistemas

Pensando em sistemas

*Como o pensamento sistêmico pode ajudar
a resolver os grandes problemas globais*

Donella H. Meadows

*Editado por Diana Wright,
Sustainability Institute*

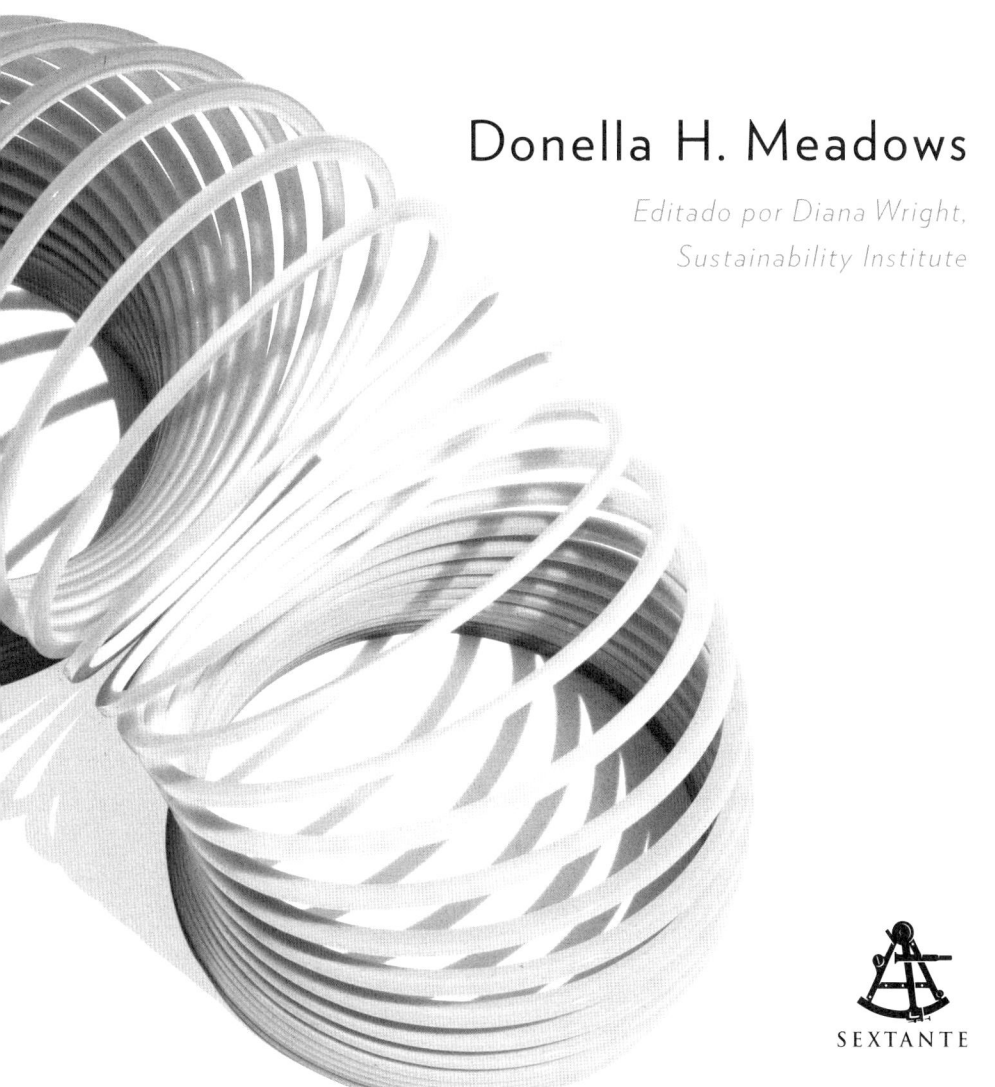

SEXTANTE

Título original: *Thinking in Systems*

Copyright © 2008 por Sustainability Institute
Copyright da tradução © 2022 por GMT Editores Ltda.

Direitos negociados por meio da Ute Körner Literary Agent

Todos os direitos reservados. Nenhuma parte deste livro pode ser utilizada ou reproduzida sob quaisquer meios existentes sem autorização por escrito dos editores.

tradução: Paulo Afonso
preparo de originais: Ana Clemente
revisão: Ana Grillo e Sheila Louzada
diagramação: Valéria Teixeira
capa: Evan Gaffney Design
adaptação de capa: Natali Nabekura
imagem de capa: iStock
impressão e acabamento: Bartira Gráfica

CIP-BRASIL. CATALOGAÇÃO NA PUBLICAÇÃO
SINDICATO NACIONAL DOS EDITORES DE LIVROS, RJ

M431p

Meadows, Donella H.
  Pensando em sistemas / Donella H. Meadows ; tradução Paulo Afonso. - 1. ed. - Rio de Janeiro : Sextante, 2022.
  256 p. ; 23 cm.

  Tradução de: Thinking in systems
  ISBN 978-65-5564-452-4

  1. Análise de sistemas - Métodos de simulação. 2. Processo decisório - Métodos de simulação. 3. Pensamento crítico - Métodos de simulação. I. Afonso, Paulo. II. Título.

22-78677   CDD: 003
              CDU: 004:303.725.36

Meri Gleice Rodrigues de Souza - Bibliotecária - CRB-7/6439

Todos os direitos reservados, no Brasil, por
GMT Editores Ltda.
Rua Voluntários da Pátria, 45 – Gr. 1.404 – Botafogo
22270-000 – Rio de Janeiro – RJ
Tel.: (21) 2538-4100 – Fax: (21) 2286-9244
E-mail: atendimento@sextante.com.br
www.sextante.com.br

PARA DANA
(1941-2001)

e para todos os que desejam aprender com ela

SUMÁRIO

PREFÁCIO DA AUTORA 9

PREFÁCIO DA EDITORA 11

INTRODUÇÃO: A lente do sistema 15

PARTE I   Estrutura e comportamento dos sistemas

    1. Os fundamentos 25

    2. Uma breve visita ao zoológico de sistemas 54

PARTE II   Os sistemas e nós

    3. Por que os sistemas funcionam tão bem 101

    4. Por que os sistemas nos surpreendem 114

    5. Armadilhas e oportunidades dos sistemas 143

PARTE III   Criando mudanças – nos sistemas e em nossa filosofia

    6. Pontos de alavancagem – lugares para intervir em um sistema 181

    7. Vivendo em um mundo de sistemas 204

APÊNDICE

Definições de sistema: glossário	226
Resumo dos princípios dos sistemas	228
Evitando as armadilhas do sistema	231
Lugares para intervir em um sistema	234
Diretrizes para viver em um mundo de sistemas	234
Equações-modelo	235
NOTAS	245
BIBLIOGRAFIA DE RECURSOS SISTÊMICOS	251
AGRADECIMENTOS DA EDITORA	254
SOBRE A AUTORA	255

PREFÁCIO DA AUTORA

Este livro foi elaborado a partir da sabedoria de dezenas de pessoas criativas que durante 30 anos se dedicaram à modelagem e ao ensino de sistemas. Em sua maioria, foram influenciadas pelo grupo de Dinâmica de Sistemas do MIT (Instituto de Tecnologia de Massachusetts), cujo fundador e principal expoente é Jay Forrester. Meus "professores particulares" (e alunos que se tornaram meus professores) foram, além de Jay, Ed Roberts, Jack Pugh, Dennis Meadows, Hartmut Bossel, Barry Richmond, Peter Senge, John Sterman e Peter Allen. Mas também me baseei em ideias, exemplos, citações, livros e no conhecimento de uma grande comunidade intelectual. Assim, expresso admiração e gratidão a todos os seus integrantes.

Também me baseei em pensadores de uma série de disciplinas que, até onde sei, jamais usaram um computador para simular um sistema, mas que são pensadores de sistemas por natureza. Entre eles estão Gregory Bateson, Kenneth Boulding, Herman Daly, Albert Einstein, Garrett Hardin, Václav Havel, Lewis Mumford, Gunnar Myrdal, E.F. Schumacher e diversos executivos modernos, além de fontes anônimas de sabedoria antiga, como os nativos americanos e os sufis do Oriente Médio. Estranhos companheiros, mas o pensamento sistêmico transcende disciplinas e culturas e, quando bem-feito, abrange também a história.

Tendo falado de transcendência, devo reconhecer também o faccionalismo. Os analistas de sistemas usam conceitos abrangentes, mas têm personalidades inteiramente diversas, o que significa que formaram diferentes escolas de pensamento sistêmico. Usei aqui a linguagem e os símbolos da dinâmica de sistemas que me foram ensinados. E apresento apenas o núcleo da teoria dos sistemas, não a vanguarda. Não incluí abordagens mais abstratas e só me interesso pela análise nos casos em que ela ajuda a resolver problemas reais. Quando a parte abstrata da teoria dos sistemas fizer isso, o que, acredito, acontecerá algum dia, outro livro terá de ser escrito.

Assim, deixo a advertência de que este livro, como todos os que existem, é tendencioso e incompleto. Há muito, muito mais no pensamento sistêmico do que é apresentado aqui – e você vai descobrir caso se interesse. Um dos meus propósitos é despertar o seu interesse. Outro, o principal, é proporcionar uma capacidade básica de entender e lidar com sistemas complexos, ainda que seu treinamento formal no tema comece e termine com este livro.

– Donella Meadows, 1993

PREFÁCIO DA EDITORA

Em 1993, Donella (Dana) Meadows concluiu o rascunho do livro que você tem em mãos agora. O manuscrito não foi publicado na época, mas circulou informalmente durante anos. Dana morreu de repente em 2001 – antes de terminar o livro. Nos anos transcorridos desde sua morte, ficou claro que seus escritos se mantiveram úteis para uma ampla gama de leitores. Dana era cientista e escritora, e uma das melhores comunicadoras no mundo da modelagem de sistemas.

Dana foi a principal autora de *Limites do crescimento*, publicado em 1972 – um best-seller bastante traduzido. As advertências que ela e seus coautores fizeram na época são reconhecidas hoje como as mais precisas a respeito de como padrões insustentáveis poderiam provocar estragos no planeta caso não fossem controlados. O livro ganhou manchetes em todo o mundo ao alertar que o contínuo crescimento da população e do consumo poderia causar graves danos aos ecossistemas e aos sistemas sociais que sustentam a vida na Terra. Também destacou que um crescimento econômico ilimitado poderia acabar perturbando muitos sistemas locais, regionais e globais. As conclusões deste livro e suas atualizações estão, uma vez mais, ocupando as primeiras páginas dos noticiários à medida que nos aproximamos do pico da produção de petróleo, enfrentamos os efeitos das mudanças climáticas e observamos um mundo de quase 8 bilhões de pessoas lidar com as devastadoras consequências do crescimento físico.

De modo a corrigir nosso curso, Dana colaborou na divulgação do conceito de que precisamos fazer uma grande mudança na forma como vemos o mundo e seus sistemas. O pensamento sistêmico constitui uma poderosa ferramenta para enfrentar os muitos desafios ambientais, políticos, sociais e econômicos que nos esperam. Sistemas, grandes ou pequenos, podem se comportar de modos semelhantes, e entendê-los talvez seja nossa melhor chance de operar mudanças duradouras em diversos níveis. Dana vinha trabalhando no manuscrito deste livro com o objetivo de levar esse conceito a um público mais amplo. Para que seu trabalho não se perdesse, eu e meus colegas do Instituto de Sustentabilidade decidimos publicá-lo postumamente.

Será que mais um livro poderia ajudar você, leitor, e o mundo? Acredito que sim. Talvez você trabalhe em alguma empresa (ou, quem sabe, seja o dono) e queira saber como sua organização pode contribuir para a construção de um mundo melhor. Ou talvez você seja um formulador de políticas e esteja enfrentando pessoas que não aceitam suas boas ideias e intenções. Talvez você seja um gestor que empreendeu grandes esforços para resolver problemas importantes de sua empresa ou comunidade, apenas para encontrar outros desafios pela frente. Ao defender mudanças no funcionamento de uma sociedade (ou de uma família), nas coisas que ela valoriza e protege, é possível perder anos de progresso esbarrando em reações bruscas. Como cidadão de uma sociedade cada vez mais global, você talvez esteja frustrado com as dificuldades que encontra para fazer uma diferença positiva e duradoura.

Nesse caso, acho que este livro pode ajudá-lo. Embora seja possível encontrar dezenas de trabalhos sobre modelagem de sistemas e pensamento sistêmico, ainda se faz necessário um livro acessível e inspirador a respeito de sistemas e pessoas – até porque às vezes os sistemas nos parecem desconcertantes e, a partir de uma abordagem assim, será mais fácil reestruturá-los e gerenciá-los.

Na época em que começou a escrever *Pensando em sistemas*, Dana concluíra uma atualização de *Limites do crescimento*, intitulada *Beyond the Limits* (Além dos limites). Era bolsista da ONG Pew Charitable Trusts, na área de conservação e meio ambiente, trabalhava no Comitê de Pesquisas e Explorações da National Geographic Society e lecionava sistemas, meio ambiente e ética na Universidade Dartmouth. Em todos os aspectos de seu trabalho, ela sempre se envolvia nos eventos da época. Compreendia que tais eventos eram o comportamento superficial de sistemas complexos.

Embora o texto original de Dana tenha sido editado e reestruturado, muitos dos exemplos que você encontrará aqui são de seu primeiro manuscrito, de 1993. Podem parecer um tanto datados, mas continuam tão relevantes quanto eram à época. A década de 1990 começou com grandes mudanças no mundo. Nelson Mandela foi libertado da prisão, fato que ensejou a revogação das leis do *apartheid* na África do Sul. A Lituânia deu o pontapé inicial para a dissolução da União Soviética. O exército iraquiano invadiu e anexou o Kuwait, sendo depois obrigado a recuar, não sem antes destruir diversas instalações petrolíferas. O Painel Internacional sobre Mudanças Climáticas publicou seu primeiro relatório, concluindo que "as emissões de gases de efeito estufa provocadas pela atividade humana estão aumentando substancialmente, o que elevará seu acúmulo na atmosfera e provocará um aquecimento adicional na superfície terrestre". O líder trabalhista Lech Walesa foi eleito presidente da Polônia. Em junho de 1992, a ONU realizou uma conferência no Rio de Janeiro sobre meio ambiente e desenvolvimento. Em dezembro de 1993, o dramaturgo Václav Havel foi eleito presidente da Tchecoslováquia. E, em 1994, foi assinado o Tratado Norte-Americano de Livre Comércio (Nafta, na sigla em inglês).

Durante esse período, enquanto viajava para reuniões e conferências, Dana lia o *International Herald Tribune*, no qual, em apenas uma semana, encontrou diversos exemplos de sistemas carentes de melhor gerenciamento ou de reformulação completa. Se esses exemplos estavam no jornal, é porque tais sistemas estão à nossa volta todos os dias. Tão logo você comece a enxergar os eventos da época como parte de tendências, e tendências como reflexos da estrutura do sistema subjacente, verá novas formas de existência e novos métodos de gerenciamento em um mundo de sistemas complexos. Ao publicar o manuscrito de Dana, espero aumentar a capacidade dos leitores de entender os sistemas que os cercam e agir em prol de mudanças positivas.

Espero que esta pequena e acessível introdução aos sistemas e ao nosso modo de encará-los seja uma ferramenta útil num mundo que precisa modificar com rapidez certos comportamentos decorrentes de sistemas complexos. Trata-se de um livro simples para um mundo complexo. Um livro para quem quer moldar um futuro melhor.

– Diana Wright, 2008

Se uma fábrica é demolida, mas a racionalidade que a produziu é deixada em pé, essa racionalidade produzirá outra fábrica. Se uma revolução destrói um governo, mas os padrões sistemáticos de pensamento que o produziram são preservados, esses padrões se repetirão (...) Há muita conversa sobre o sistema. E muito pouco entendimento.

– Robert Pirsig,
Zen e a arte da manutenção de motocicletas

INTRODUÇÃO

A lente do sistema

*Gestores não são confrontados com problemas
independentes uns dos outros, mas com situações
dinâmicas oriundas de sistemas complexos em
que problemas mutáveis interagem entre si.
Chamo isso de bagunça (...) Gestores não resolvem
problemas, gerenciam bagunças.*

– Russell Ackoff,[1] teórico de operações

No início do meu curso sobre sistemas, levo muitas vezes uma mola maluca. Caso você não saiba, a mola maluca é um brinquedo – uma mola longa e frouxa que pode se deslocar para cima e para baixo, de um lado para outro, de mão em mão ou mesmo descer uma escada sozinha.

Eu ponho a mola maluca na palma da minha mão. Com os dedos da outra mão, seguro a mola por cima e retiro a mão de baixo. A extremidade inferior desce e volta para cima de novo como se fosse um ioiô.

– O que faz a mola maluca subir e descer assim? – pergunto então aos alunos.

– Sua mão. Você retirou sua mão – dizem eles.

Pego então a caixa que continha a mola maluca, posiciono-a na palma da mão e a seguro por cima, como fiz antes. Depois, com o máximo de floreios dramáticos que consigo produzir, retiro a mão de baixo.

Nada acontece. A caixa fica no mesmo lugar, é claro.

– Vou perguntar mais uma vez. O que fez a mola maluca subir e descer?

A resposta está na própria mola maluca. As mãos que a manipulam apenas suprimem ou liberam um comportamento latente na estrutura do brinquedo.

É uma compreensão fundamental para a teoria dos sistemas.

Quando enxergamos a relação que existe entre estrutura e comportamento, começamos a perceber como os sistemas funcionam, o que os faz produzir resultados ruins e como incutir neles melhores padrões de comportamento. Em um mundo que muda com rapidez estonteante e se torna cada vez mais complexo, o pensamento sistêmico nos ajudará a enxergar, gerenciar e adaptar a ampla gama de escolhas que temos diante de nós. Essa forma de pensar nos dá liberdade para identificar as causas dos problemas e descobrir novas oportunidades.

Mas o que é um sistema? Um sistema é um conjunto de coisas – pessoas, células, moléculas, o que seja – interconectadas de tal forma que ao longo do tempo produzem um padrão de comportamento. Um sistema pode ser comprimido, deformado, acionado ou dirigido por forças externas. Mas sua resposta a essas forças é característica dele mesmo, e raramente é simples no mundo real.

Quando se trata de molas malucas, esse conceito é fácil de entender. Mas quando se trata de indivíduos, empresas, cidades ou economias, pode ser herético. O sistema, em grande medida, gera seu próprio comportamento. Um evento externo pode desencadear esse comportamento, mas o mesmo evento externo aplicado a um sistema diferente terá um resultado diferente.

Pense por um momento sobre as implicações das seguintes ideias:

- Líderes políticos não provocam recessões nem booms econômicos. Altos e baixos são inerentes à estrutura da economia de mercado.
- Competidores raras vezes fazem uma empresa perder participação no mercado. Eles estão no mercado para obter vantagens, mas a empresa perdedora cria as próprias perdas, pelo menos em parte, por conta de suas políticas comerciais.
- Países exportadores de petróleo não são os únicos responsáveis por aumentos no preço do petróleo. Suas ações por si sós não desencadeariam aumentos de preço globais e caos econômico se o consumo de petróleo, os preços e as políticas de investimento das nações importadoras não tivessem construído economias vulneráveis a interrupções no fornecimento.

- O vírus da gripe não ataca você. Você é quem cria condições para que ele prolifere em seu corpo.
- O vício em drogas não é uma falha do indivíduo. Nenhuma pessoa, por mais rígida ou amorosa que seja, pode curar um viciado em drogas – nem mesmo o próprio viciado. É somente compreendendo o vício como parte de um conjunto maior de influências e questões sociais que se pode começar a enfrentá-lo.

Há algo de profundamente inquietante em declarações como essas. E algo do mais puro bom senso. Sugiro então que ambas as coisas – tanto a resistência quanto o reconhecimento dos princípios sistêmicos – têm origem em dois tipos de experiência humana, ambos familiares a todos.

Por um lado, fomos ensinados a efetuar análises, a usar a capacidade racional, a traçar caminhos diretos entre causa e efeito, a dividir as coisas em partes pequenas e compreensíveis, a resolver problemas agindo ou controlando o mundo ao nosso redor. Esse treinamento, fonte de muito poder pessoal e social, nos leva a ver presidentes, competidores, a Opep (Organização dos Países Exportadores de Petróleo), gripes e drogas como fontes de nossos problemas.

Por outro lado, muito antes de sermos educados em análise racional, todos lidávamos com sistemas complexos. Nós mesmos somos sistemas complexos – nossos corpos são exemplos magníficos de complexidade integrada, interconectada e autossustentável. Cada pessoa que encontramos, cada organização, cada animal, jardim, árvore e floresta é um sistema complexo. Intuitivamente, sem qualquer análise e às vezes sem palavras, formamos uma compreensão prática de como esses sistemas funcionam e de como lidar com eles.

A teoria dos sistemas moderna, ligada a computadores e equações, esconde o fato de que trafega em verdades conhecidas por todos. Assim, muitas vezes é possível traduzir um jargão sistêmico para a sabedoria tradicional:

> Em sistemas complexos, por conta de atrasos nos feedbacks, um problema pode se tornar desnecessariamente difícil de resolver no momento em que se torna aparente.
>
> – *É melhor prevenir que remediar.*

De acordo com o princípio de exclusão competitiva, se um ciclo de feedback recompensa o vencedor de uma competição com os meios para vencer outras competições, o resultado será a eliminação de quase todos os competidores.
– *"A quem tiver, mais lhe será dado; de quem não tiver, até o que tem lhe será tirado." (Marcos 4:25)* Ou ainda:
– *O rio só corre para o mar.*

Um sistema diversificado, com múltiplos caminhos e redundâncias, é mais estável e menos vulnerável a choques externos que um sistema uniforme com pouca diversidade.
– *Não coloque todos os ovos na mesma cesta.*

Desde a Revolução Industrial, a sociedade ocidental vem utilizando a ciência, a lógica e o reducionismo em vez da intuição e do holismo. Psicológica e politicamente, preferimos presumir que a causa de um problema está "por aí" em vez de "bem aqui". É quase irresistível o impulso de culpar algo ou alguém, de transferir responsabilidades para outros e procurar o botão de controle, o produto, a pílula ou a correção técnica que fará um problema desaparecer.

Problemas sérios foram resolvidos recorrendo-se a agentes externos – a prevenção da varíola, o aumento da produção de alimentos, o rápido transporte de grandes pesos e muitas pessoas por longas distâncias. No entanto, como estavam embutidas em sistemas maiores, algumas "soluções" criaram novos problemas. E alguns deles, os mais enraizados na estrutura interna de sistemas complexos, as autênticas bagunças, recusaram-se a desaparecer.

Problemas como fome, pobreza, degradação ambiental, instabilidade econômica, desemprego, doenças crônicas, vício em drogas e guerras permanecem, apesar da capacidade analítica e da excelência técnica direcionadas para erradicá-los. Ninguém os cria de modo deliberado, ninguém quer que persistam, mas eles se mantêm mesmo assim. Isso porque são problemas intrinsecamente sistêmicos – comportamentos indesejáveis característicos das estruturas dos sistemas que os produzem. Só recuarão quando recuperarmos a intuição, pararmos de atribuir culpas e virmos o sistema como a fonte de seus próprios males. Assim poderemos encontrar coragem e sabedoria para *reestruturá-lo*.

É algo óbvio. Embora subversivo. Uma antiga forma de efetuar análises. Porém, de certo modo, nova. Confortável, pois as soluções estão em nossas mãos, mas também incômoda, pois teremos que *fazer coisas*, ou pelo menos *enxergar as coisas* e *pensar sobre elas* de forma diferente.

Este livro é sobre essa maneira diferente de ver e de pensar. E se destina a pessoas que podem se intimidar com a palavra "sistemas" e com a ciência da análise de sistemas, ainda que tenham usado sistemas desde sempre. Mantive a discussão em um nível não técnico, pois quero mostrar que você pode chegar à compreensão dos sistemas sem recorrer à matemática, nem mesmo aos computadores.

Como é um tanto difícil discutir sistemas apenas com palavras, usei com liberalidade diagramas e gráficos de tempo. Palavras e frases devem obedecer a uma ordem linear e lógica. Já os sistemas ocorrem de uma vez só e não estão conectados em uma única direção, mas em muitas direções simultaneamente. Para discuti-los de modo adequado, é preciso usar uma linguagem que compartilhe algumas propriedades com os fenômenos em discussão.

As imagens funcionam melhor que as palavras para esse tipo de linguagem, pois vemos todas as partes de uma imagem de uma vez só. Construirei imagens de sistemas gradualmente, começando com as mais simples. Acho que você descobrirá que consegue entender com facilidade essa linguagem gráfica.

Começarei pelo conceito básico: a definição de um sistema e a dissecação de suas partes (de forma reducionista, não holística). Depois remontarei as partes para demonstrar como elas se interconectam de modo a formar a unidade operacional básica de um sistema: o ciclo de feedback.

Em seguida, apresentarei um zoológico de sistemas – uma coleção de tipos de sistemas comuns e interessantes. Você verá como algumas dessas criaturas se comportam e por que e onde podem ser encontradas. Você as reconhecerá, pois estão ao seu redor e até mesmo dentro de você.

Tendo como base alguns dos "animais" do zoológico – um conjunto de exemplos específicos –, darei um passo para trás e falarei sobre como e por que os sistemas funcionam tão bem mas nos surpreendem (e confundem) com tanta frequência. Explicarei por que tudo em um sistema pode funcionar com zelo e racionalidade mas com um resultado terrível. E por que as coisas costumam acontecer muito mais rápido ou muito mais devagar do que todos esperam. E por que você pode fazer algo que sempre funcionou e de repente descobrir, para sua decepção, que o método não funciona mais. E por que um sistema pode, de repente, comportar-se de um jeito que você nunca viu antes.

Essa discussão nos levará a examinar os problemas comuns com os quais os praticantes do pensamento sistêmico deparam repetidamente ao analisar corporações, governos, economias, ecossistemas, estruturas fisiológicas e psicológicas. "Mais um caso de tragédia dos comuns", costumamos dizer, ao examinarmos um sistema de alocação de recursos hídricos para comunidades ou de recursos financeiros para escolas; identificamos "metas declinantes" ao estudarmos regulamentações para negócios e incentivos que podem ajudar ou dificultar o desenvolvimento de novas tecnologias; encontramos "resistência política" ao examinarmos poderes decisórios e a natureza dos relacionamentos em uma família, comunidade ou nação; assim como testemunhamos "vícios" – que podem ser provocados por outros agentes, além de cafeína, álcool, nicotina e narcóticos.

Essas estruturas comuns, que produzem comportamentos característicos, são chamadas de "arquétipos" pelos pensadores de sistemas. Quando planejei este livro pela primeira vez, chamei-as de "armadilhas do sistema". Depois acrescentei "e oportunidades", pois os arquétipos responsáveis por alguns dos problemas mais renitentes e com potencial perigoso podem também ser direcionados, com um pouco de compreensão sistêmica, para comportamentos muito mais desejáveis.

A partir desse entendimento, falarei sobre o que você e eu podemos fazer para reestruturar os sistemas em que vivemos. E sobre como procurar pontos de apoio para mudanças.

Concluo com as maiores lições de todas, provenientes da sabedoria compartilhada pela maioria dos pensadores sistêmicos que conheço. Para aqueles que quiserem explorar mais o pensamento sistêmico, o Apêndice oferece um glossário, uma bibliografia de recursos, uma lista resumida de princípios dos sistemas e as equações para os modelos descritos na Parte 1.

Quando nosso pequeno grupo de pesquisadores se mudou do MIT para a Universidade Dartmouth, anos atrás, um dos professores de engenharia da Dartmouth assistiu a nossos seminários e depois foi nos procurar em nossa sala. "Vocês são diferentes", disse ele. "Fazem tipos diferentes de perguntas. Veem coisas que eu não vejo. De certa forma, encaram o mundo de modo diferente. Como? Por quê?"

É o que espero transmitir ao longo deste livro e, em especial, na conclusão. Não acho que a visão sistêmica seja melhor que a reducionista. É complementar e, portanto, reveladora. Algumas coisas podem ser vistas pelas lentes do olho humano, outras pelas lentes de um microscópio, algumas pelas lentes de um telescópio e algumas outras, ainda, pelas lentes da teoria dos sistemas. Tudo o que é visto através de cada tipo de lente existe de fato. E cada modo de ver permite que os conhecimentos do mundo em que vivemos se tornem um pouco mais completos.

Numa época em que o mundo está mais confuso, mais populoso, mais interconectado, mais interdependente e mais inconstante que nunca, quanto mais formas de enxergá-lo houver, melhor. A lente do pensamento sistêmico nos permite recuperar a intuição sobre sistemas inteiros e

- aprimorar nossas habilidades para entender partes;
- enxergar interconexões;
- fazer perguntas "e se" sobre possíveis comportamentos futuros; e
- ser criativos e corajosos na reestruturação do sistema.

Desse modo, poderemos usar essa percepção para fazer a diferença no mundo.

INTERLÚDIO
Os cegos e a questão do elefante

Pouco adiante de Ghor, um rei, sua comitiva e seu exército chegaram aos arredores de uma cidade onde todos os habitantes eram cegos. Acamparam no deserto. O rei tinha um enorme elefante, que usava para aumentar a admiração das pessoas.

A população se mostrou ansiosa para conhecer o elefante, e alguns cegos correram como loucos até o lugar onde estava o animal.

Como nem mesmo conheciam sua forma, começaram a tatear, na esperança de obter informações.

O homem cuja mão alcançou uma das orelhas disse:

– É uma coisa grande, áspera e larga como um tapete.

O que tateou a tromba disse:

– Eu compreendi a verdade sobre ele. É como um tubo reto e oco, horrível e destrutivo.

O que sentiu uma perna disse:

– É forte e firme, parece um pilar.

Cada um dos habitantes havia sentido uma parte entre muitas delas. E todos tiveram uma percepção errada...[2]

Essa antiga história sufista foi contada para nos ensinar algo simples, mas que às vezes ignoramos: o comportamento de um sistema não pode ser compreendido se conhecermos apenas seus componentes.

PARTE I

Estrutura e comportamento dos sistemas

1
Os fundamentos

Ainda estou para ver um problema, por mais complicado que seja, que, ao ser olhado de forma correta, não se torna ainda mais complicado.
– POUL ANDERSON[1]

Mais que a soma das partes

Um sistema não é apenas uma antiga coleção de coisas. Um sistema é um conjunto interconectado de elementos organizados coerentemente de modo a obter alguma coisa. Se você refletir sobre essa definição por um minuto, perceberá que um sistema é composto por três tipos de coisas: *elementos*, *interconexões* e *função/propósito*.

Os elementos de seu sistema digestório, por exemplo, incluem dentes, enzimas, estômago e intestino. Todos estão inter-relacionados por um fluxo físico dos alimentos e um elegante conjunto de sinais químicos reguladores. A função desse sistema é decompor os alimentos em seus nutrientes básicos e transferi-los para a corrente sanguínea (outro sistema), enquanto descarta resíduos inutilizáveis.

Um time de futebol é um sistema com elementos como jogadores, treinador, campo e bola. Suas interconexões são as regras do jogo, a estratégia do treinador, a comunicação entre os jogadores e as leis da física, que governam os movimentos da bola e dos jogadores. O objetivo do time é vencer jogos, ou se divertir, ou se exercitar, ou ganhar milhões de dólares, ou tudo isso junto.

Uma escola é um sistema. Assim como uma cidade, uma fábrica, uma corporação e a economia de uma nação. Um animal é um sistema. Uma árvore é um sistema, uma floresta é um sistema maior que engloba subsistemas de árvores e animais. A Terra é um sistema. Assim como o Sistema Solar, assim como uma galáxia. Os sistemas podem ser embutidos em sistemas que são embutidos em outros sistemas.

Existe algo que não seja um sistema? Sim: um conglomerado sem interconexões ou funções específicas. A areia espalhada de modo casual em uma estrada não é, por si só, um sistema. Você pode colocar mais areia ou tirar areia e ainda terá apenas areia na estrada. Acrescente ou retire jogadores de futebol de um time, ou partes de seu sistema digestório, e você não terá mais o mesmo sistema.

> *Um sistema é mais que a soma de suas partes. E pode exibir um comportamento adaptativo, dinâmico, propositado, defensivo e, às vezes, evolucionário.*

Quando um ser vivo morre, perde sua qualidade "sistêmica". As múltiplas inter-relações que o mantinham como um todo não funcionam mais e ele se dissipa, embora seu material continue sendo parte de um sistema maior da cadeia alimentar. Algumas pessoas dizem que um bairro antigo da cidade onde as pessoas se conhecem e se comunicam com regularidade é um sistema social, e que um novo bloco de apartamentos cheio de estranhos não é – não até que surjam novos relacionamentos e se forme um sistema.

É possível perceber nesses exemplos que há uma integridade em um sistema, bem como um conjunto ativo de mecanismos para mantê-la. Os sistemas podem mudar, adaptar-se, responder a eventos, buscar objetivos, consertar ferimentos e cuidar da própria sobrevivência de modo natural, embora possam conter ou se constituir de coisas não vivas. Os sistemas podem ser auto-organizados e, muitas vezes, autorreparáveis em pelo menos alguns tipos de interrupções. São resilientes e, muitos deles, evolucionários. Um sistema pode dar origem a outros completamente novos e nunca antes imaginados.

Olhe além dos jogadores para discernir as regras do jogo

Como entendemos "um", achamos que poderemos entender "dois", pois um mais um são dois. Esquecemos, no entanto, que também precisamos entender "mais".

– PARÁBOLA SUFI

Os elementos de um sistema são as partes mais fáceis de notar, já que muitos deles são visíveis e tangíveis. Os elementos que compõem uma árvore são raízes, tronco, galhos e folhas. Se você olhar mais de perto, verá células especializadas: vasos que transportam fluidos para cima e para baixo, cloroplastos e assim por diante. O sistema chamado universidade é composto de prédios, alunos, professores, administradores, bibliotecas, livros, computadores – e cada um desses é composto por outros elementos. Mas os elementos não precisam ser coisas físicas. Coisas intangíveis também são partes de um sistema. Em uma universidade, o orgulho e a proficiência acadêmica são dois elementos intangíveis que podem ser muito importantes no sistema. Quando você começa a listar os elementos de um sistema, o processo praticamente não tem fim. Você pode dividir os elementos em subelementos e depois em subelementos outra vez. E logo perderá de vista o sistema. Como diz o ditado, não se pode confundir a floresta com as árvores.

PENSE NISTO:

Como saber se você está olhando para um sistema ou apenas para um conjunto de coisas:

A) Você consegue identificar as partes? E...
B) As partes influenciam umas às outras? E...
C) As partes juntas produzem um efeito diferente a partir do efeito de cada uma das partes? E talvez...
D) O efeito, o comportamento ao longo do tempo, persiste em circunstâncias variáveis?

Antes de avançarmos demais nessa direção, é bom pararmos de dissecar os elementos e começarmos a procurar as *interconexões*, as relações que os mantêm juntos.

As interconexões no sistema de uma árvore são os fluxos físicos e as reações químicas que regem seus processos metabólicos – os sinais que permitem que uma parte responda ao que está acontecendo em outra parte. Quando as folhas começam a perder água em um dia ensolarado, por exemplo, uma queda na pressão dos vasos que transportam água permite que as raízes absorvam mais líquido. Em contrapartida, se as raízes estiverem em um solo seco, uma queda na pressão dos vasos sinaliza às folhas que fechem seus poros, de modo a não perder ainda mais água.

Nas zonas temperadas, à medida que os dias ficam mais curtos, uma árvore decídua (que perde as folhas no outono/inverno) emite mensagens químicas que levam os nutrientes a migrar das folhas para o tronco e as raízes, o que enfraquece os galhos, permitindo que as folhas caiam. Há indícios de que algumas árvores recebem mensagens que as fazem produzir repelentes químicos ou endurecer suas paredes celulares quando uma das partes é atacada por insetos. Ninguém entende todas as relações que permitem a uma árvore fazer o que faz. Essa falta de conhecimento não é surpreendente. É mais fácil conhecer os elementos de um sistema do que suas interconexões.

No sistema universitário, as interconexões incluem o processo de admissão, os requisitos para diplomas, as provas e as notas, os orçamentos e os fluxos de dinheiro, as fofocas e, o mais importante, a transmissão do conhecimento, que é, presumivelmente, o objetivo de todo o sistema.

Muitas interconexões nos sistemas operam por meio de um fluxo de informações. As informações mantêm os sistemas juntos e desempenham um grande papel no modo como operam.

Algumas interconexões nos sistemas são fluxos físicos reais, como a água no tronco de uma árvore ou os progressos dos alunos em uma universidade. E muitas são fluxos de informações – sinais que chegam a pontos de decisão ou de ação dentro de um sistema. Esses tipos de interconexão são muitas vezes difíceis de enxergar, mas o sistema os revela para quem os observa. Os estudantes podem utilizar dados informais sobre a probabilidade de obter uma boa nota para decidir quais disciplinas cursar. Um consumidor pode decidir o que comprar a partir de informações sobre a própria renda, poupança, classificação de crédito, preços e estoque de bens em casa, além da disponibilidade de produtos para compra. Os governos precisam de informações sobre tipos e graus de poluição da água para criar regulamentações sensatas que permitam reduzir a poluição. (Observe que informações sobre a existência de um problema podem ser necessárias, mas não são suficientes para desencadear uma ação – também são necessárias informações sobre recursos, incentivos e consequências.)

Se as relações com base em informações são difíceis de discernir, *funções* ou *propósitos* se tornam ainda mais difíceis. A função ou o propósito de um sistema não é necessariamente verbalizado, escrito ou expresso de modo explícito; o que o revela é uma operação do sistema. A melhor forma de identificar o propósito de um sistema é observá-lo por algum tempo para ver como se comporta.

Se um sapo se vira para a direita e pega uma mosca, depois se vira para a esquerda e pega uma mosca e depois se vira para trás e pega uma mosca, o propósito do sapo não tem nada a ver com virar-se para a esquerda, para a direita ou para trás, mas com capturar moscas. Se um governo proclama interesse em proteger o meio ambiente mas destina pouco dinheiro ou poucos esforços para alcançar esse objetivo, a proteção ambiental não é, de fato, o propósito do governo. Os propósitos são demonstrados pelo comportamento, não pela retórica nem por objetivos declarados.

OBSERVAÇÃO SOBRE A LINGUAGEM

A palavra "função" se aplica a um sistema não humano, e a palavra "propósito", a um sistema humano; mas a distinção não é absoluta, pois muitos sistemas abrangem tanto elementos humanos quanto não humanos.

A função de um termostato para calefação é manter um prédio em determinada temperatura. A função de uma planta é produzir sementes e gerar mais plantas. Um dos propósitos de uma economia nacional é continuar crescendo. Uma função importante de quase todos os sistemas é garantir a própria perpetuação.

Os propósitos de um sistema não são necessariamente propósitos humanos nem aqueles formulados por um único agente dentro do sistema. Um dos aspectos mais frustrantes dos sistemas é que os propósitos das subunidades podem originar um comportamento geral que ninguém deseja. Ninguém pretende construir uma sociedade em que o uso de drogas e a criminalidade fujam ao controle. Mas vamos considerar os propósitos combinados e as consequentes ações dos agentes envolvidos:

- pessoas desesperadas que desejam alívio rápido para a dor psicológica;
- fazendeiros, negociantes e banqueiros que só querem ganhar dinheiro;
- traficantes que estão menos sujeitos a sanções legais do que a polícia que os combate;
- governos que tornam ilegais as substâncias tóxicas e usam o poder policial para reprimir o seu uso;
- pessoas abastadas vivendo próximo de pessoas pobres;
- não viciados mais interessados em se proteger do que em encorajar a recuperação de viciados.

Tudo isso constitui um sistema em que a erradicação da dependência química e da criminalidade é bastante difícil.

Sistemas podem estar aninhados dentro de sistemas. Assim, propósitos podem existir dentro de propósitos. O objetivo de uma universidade é gerar conhecimento, preservá-lo e transmiti-lo às novas gerações. Dentro da universidade, o propósito de um estudante pode ser tirar boas notas, o propósito de um professor pode ser a estabilidade, o propósito de um administrador pode ser equilibrar o orçamento. Mas qualquer um desses propósitos pode entrar em conflito com o objetivo geral – o aluno pode colar nas provas, o professor pode ignorar os alunos para publicar trabalhos, o administrador pode equilibrar o orçamento demitindo professores. Manter os propósitos particulares e os propósitos gerais em harmonia é a função primordial de sistemas bem-sucedidos. Voltarei a esse ponto logo mais, quando tratarmos de hierarquias.

A parte menos óbvia de um sistema, que é sua função ou seu propósito, é a que mais influencia o comportamento de um sistema.

É possível entender a importância relativa dos elementos, das interconexões e dos propósitos de um sistema se os alterarmos um a um em nossa imaginação. A mudança de elementos tem pouco efeito no sistema. Se trocarmos todos os jogadores de um time de futebol, o grupo ainda será reconhecido como um time de futebol (pode ter um desempenho muito melhor ou muito pior – elementos específicos de um sistema podem de fato ser importantes). Uma árvore renova suas células constantemente e suas folhas a cada ano ou mais, porém, em essência, continua sendo a mesma árvore. Nosso corpo substitui a maioria das células a cada poucas semanas, mas continua sendo nosso corpo. A universidade tem um fluxo constante de alunos e um fluxo mais lento de professores e administradores, mas não deixa de ser uma universidade. Ainda é a mesma universidade, distinta das outras de modo sutil, assim como a General Motors e o Congresso dos Estados Unidos mantêm sua identidade ainda que todos os seus membros mudem. Um sistema muda apenas lentamente, se é possível dizer que muda, mesmo com a substituição de todos os seus elementos, desde que suas interconexões e seus propósitos permaneçam intactos.

Se as interconexões mudarem, o sistema pode ser bastante alterado. Pode até se tornar irreconhecível, ainda que os mesmos jogadores continuem no time. Mude as regras do futebol para as do basquete e você terá um jogo totalmente novo. Se as interconexões em uma árvore forem modificadas – digamos que, em vez de absorver dióxido de carbono e emitir oxigênio, ela passe a fazer o contrário –, não será mais uma árvore. Será um animal. Se em uma universidade os alunos avaliassem os professores, ou se as discussões fossem vencidas pela força em vez da razão, o lugar precisaria de um nome diferente. Poderia até ser uma organização interessante, mas não seria uma universidade. Alterar as interconexões em um sistema pode alterá-lo de forma drástica.

Mudanças na função ou no propósito também podem ser cruciais. E se você mantivesse os jogadores e as regras, mas mudasse o propósito do jogo – de ganhar para perder, por exemplo? E se a função de uma árvore não fosse sobreviver e se reproduzir, mas capturar todos os nutrientes do solo e crescer indefinidamente? As pessoas já imaginaram muitos propósitos para uma universidade, além de disseminar conhecimento – ganhar dinheiro, doutrinar pessoas, proporcionar prestígio. Uma mudança de propósito muda de maneira profunda um sistema, ainda que todos os elementos e interconexões permaneçam os mesmos.

Perguntar quais itens – elementos, interconexões ou propósitos – são mais importantes em um sistema é fazer uma pergunta não sistêmica. Todos são essenciais. Todos interagem. Todos têm seus papéis. Mas a parte menos óbvia do sistema, sua função ou seu propósito, costuma ser o determinante para o comportamento do sistema. As interconexões também são muito relevantes. A alteração dos relacionamentos muda o comportamento do sistema. Os elementos, que são as partes dos sistemas que mais notamos, muitas vezes são (mas nem sempre) menos importantes na definição das características únicas do sistema – *a menos que a mudança de um elemento resulte na mudança de relacionamentos ou propósitos.*

Uma mudança de líder – de Brejnev para Gorbachev, por exemplo, ou de Carter para Reagan – pode redirecionar uma nação inteira, embora suas terras, fábricas e centenas de milhões de cidadãos permaneçam os mesmos. Um novo líder pode levar essas terras, fábricas e cidadãos a jogar sob novas regras, ou direcionar o jogo para um novo propósito.

E, de modo inverso, como a terra, as fábricas e as pessoas são elementos que mudam lentamente em um sistema de vida longa, há um limite de negociação que qualquer líder tem para redirecionar uma nação.

Banheiras: compreendendo o comportamento de um sistema ao longo do tempo

Informações contidas na natureza nos permitem efetuar uma reconstrução parcial do passado. A formação dos meandros de um rio e a crescente complexidade da crosta terrestre são dispositivos de armazenamento de informações, assim como sistemas genéticos. Armazenar informações significa aumentar a complexidade do mecanismo.
— Ramon Margalef[2]

Um estoque é a base de qualquer sistema. Estoques são os elementos do sistema que você pode ver, sentir, contar ou medir a qualquer momento. O estoque de um sistema é o que está visível: um depósito, uma quantidade, um acúmulo de material ou informação que se avolumou ao longo do tempo. Pode ser a água de uma banheira, uma população, os livros em uma livraria, a madeira de uma árvore, o dinheiro de um banco, sua autoconfiança. Um estoque não precisa ser físico. A reserva de boa vontade que você tem para com os outros ou a esperança de que o mundo melhore são estoques também.

Um estoque é o histórico das mudanças de fluxo em um sistema.

O estoque muda ao longo do tempo por causa das ações de um fluxo. Fluxos são preenchimentos e drenagens, nascimentos e mortes, compras e vendas, crescimento e declínio, depósitos e retiradas, sucessos e fracassos. Estoque, portanto, é o histórico atualizado das mudanças de fluxo em um sistema.

Figura 1. Como ler diagramas de estoque e fluxo. Neste livro, os estoques são mostrados como caixas e os fluxos, como "tubos" com uma seta na ponta que leva para dentro ou para fora dos estoques. Uma "torneira" indica que o fluxo pode ser aumentado ou diminuido, ligado ou desligado. As "nuvens" representam as origens ou os destinos dos fluxos – fontes e escoadouros.

Um depósito subterrâneo de minérios, por exemplo, é um estoque de onde, por intermédio da mineração, sai um fluxo de minérios. O fluxo de entrada de minérios em um depósito mineral é minúsculo em qualquer período de tempo inferior a muitos séculos. Assim, optei por desenhar (ver figura 2) uma imagem simplificada do sistema sem fluxo de entrada. *Todos* os diagramas e as descrições do sistema são versões simplificadas do mundo real.

Figura 2. Um estoque de minérios esgotado pela mineração.

A água contida por uma barragem em um reservatório é um estoque para o qual flui a água do rio e das chuvas e de onde flui a água descarregada pela barragem, assim como a evaporação da superfície do reservatório.

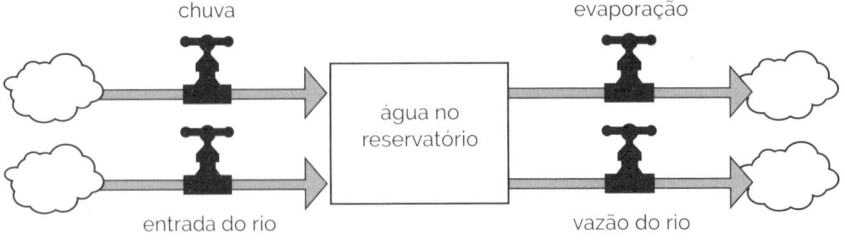

Figura 3. Um estoque de água em um reservatório com diversos fluxos de entrada e de saída.

O volume de madeira nas árvores vivas de uma floresta é um estoque. Seu fluxo de entrada é o crescimento das árvores. Seus escoadouros, ou fluxos de saída, são a morte natural das árvores e o corte feito por madeireiros. A madeira cortada flui para outro estoque, talvez alguma madeireira. A madeira deixa o estoque à medida que é vendida aos clientes.

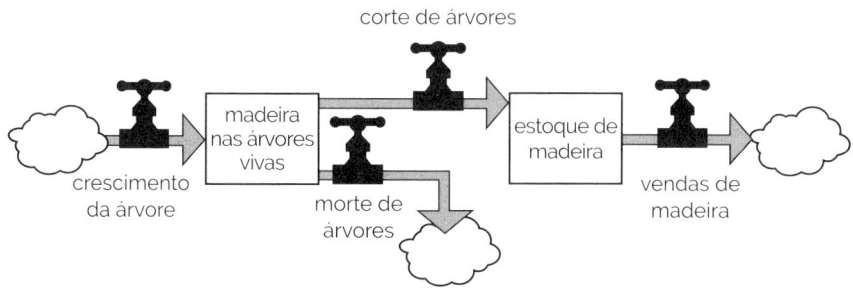

Figura 4. Um estoque de madeira ligado a um estoque de árvores numa floresta.

Se você entender a dinâmica de estoques e fluxos – seu comportamento ao longo do tempo –, entenderá bem o comportamento de sistemas complexos. E se já teve experiência com banheiras, entenderá a dinâmica de estoques e fluxos.

Figura 5. Estrutura do sistema utilizado por uma banheira: um estoque com um fluxo de entrada e um de saída.

Imagine uma banheira cheia de água, com o ralo tampado e as torneiras fechadas – um sistema de escoamento imóvel. Agora, puxe mentalmente a tampa do ralo. A água escoa, é claro. E o nível na banheira diminui até que esteja vazia por completo.

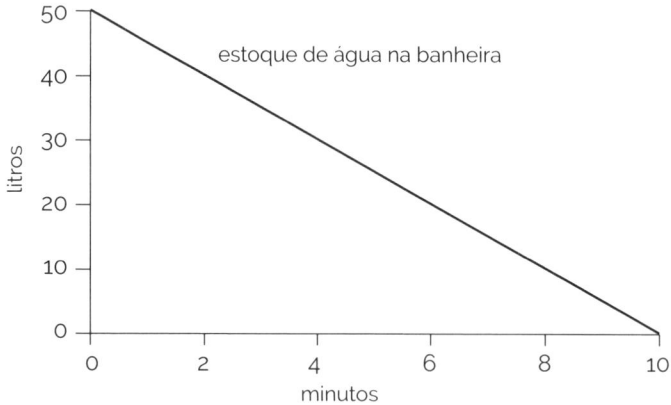

Figura 6. Nível de água em uma banheira quando a tampa do ralo é puxada.

OBSERVAÇÃO SOBRE A LEITURA DE GRÁFICOS DE COMPORTAMENTO AO LONGO DO TEMPO

Os pensadores sistêmicos usam gráficos de comportamento para entender as tendências de um sistema ao longo do tempo em vez de concentrar a atenção em eventos individuais. Também usam esses gráficos para determinar se o sistema está se aproximando de uma meta ou de um limite e, em caso afirmativo, a que velocidade.

A variável no gráfico pode ser um estoque ou um fluxo. O padrão – a forma da linha variável – é importante, assim como os pontos em que essa linha muda de forma ou direção. Os números precisos nos eixos são menos importantes.

O eixo horizontal de tempo permite que você faça perguntas sobre o que veio antes e o que pode acontecer depois. E o ajuda a se concentrar no horizonte de tempo adequado para o assunto ou problema que está investigando.

Agora imagine começar de novo com uma banheira cheia e abrir o ralo. Mas desta vez, quando a água estiver mais ou menos pela metade, abra a torneira de modo que o nível de fluxo de entrada da água seja igual ao de saída. O que acontece? A quantidade de água na banheira permanecerá constante seja qual for o nível que tiver atingido quando o fluxo de entrada se tornou igual ao de saída. Permanecerá em um estado de equilíbrio dinâmico – o nível não mudará, embora a água esteja fluindo continuamente.

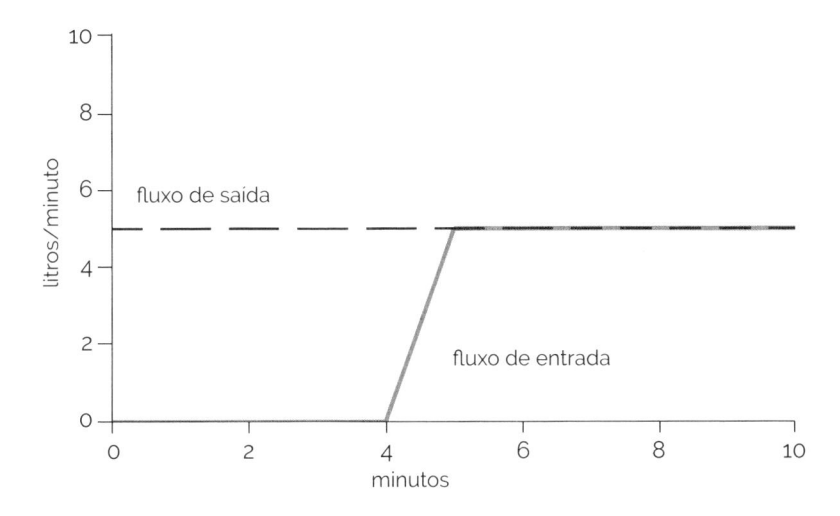

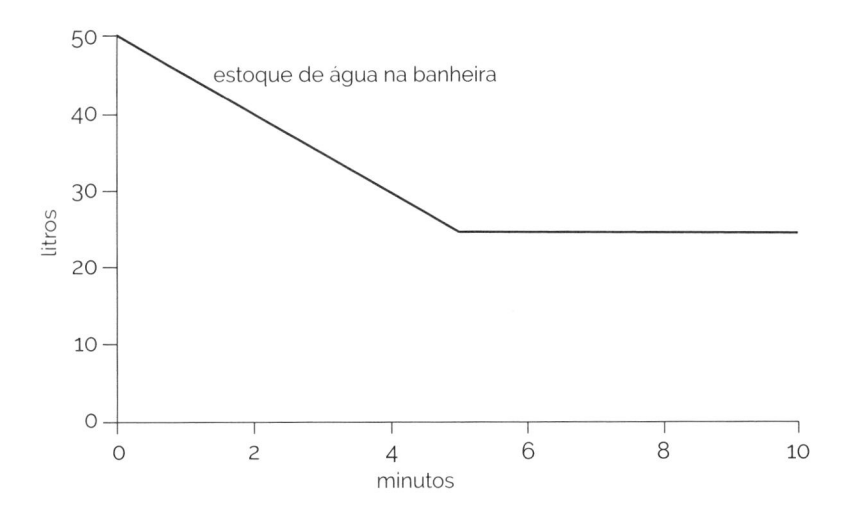

Figura 7. Saída constante, fluxo de entrada reaberto após cinco minutos, mudanças resultantes no estoque de água da banheira.

Imagine-se aumentando um pouco mais o fluxo de entrada, mas mantendo a vazão constante. O nível de água na banheira subirá aos poucos. Se você aumentar de novo o fluxo de entrada, de modo que coincida com a vazão, o nível de água na banheira vai parar de subir. Volte a diminuí-lo e o nível da água cairá lentamente.

O modelo da banheira é um sistema muito simples, com apenas um estoque, uma entrada e uma saída. Durante o período de interesse (minutos), presumi que a evaporação da água na banheira seria insignificante, portanto não incluí esse tipo de vazão. Todos os modelos, sejam mentais ou matemáticos, são simplificações do mundo real. A partir das possibilidades dinâmicas da banheira, que você agora conhece, é possível deduzir vários princípios importantes que valem para sistemas mais complicados:

- Enquanto a soma de todas as entradas exceder a soma de todas as saídas, o nível do estoque aumentará.
- Enquanto a soma de todas as saídas exceder a soma de todas as entradas, o nível do estoque diminuirá.
- Se a soma de todas as saídas for igual à soma de todas as entradas, o nível de estoque não será alterado. Manterá um equilíbrio dinâmico seja qual for o nível em que esteja quando os dois conjuntos de fluxos se igualarem.

A mente humana parece se concentrar mais facilmente em estoques do que em fluxos. Além disso, quando colocamos o foco nos fluxos, tendemos a direcionar nossa atenção com mais facilidade para os *fluxos de entrada* do que às vazões. Portanto, às vezes deixamos de ver que podemos encher uma banheira aumentando o nível de entrada e também reduzindo o nível de saída. Todo mundo sabe que é possível prolongar a vida de uma economia cuja base é o petróleo quando se descobrem novas jazidas. Parece ser mais difícil entender que o mesmo resultado pode ser alcançado diminuindo o consumo de petróleo. Com relação ao efeito sobre o estoque de petróleo disponível, um avanço na eficiência energética é equivalente à descoberta de um novo campo petrolífero – embora agentes diferentes lucrem com isso.

> *Um estoque pode ser aumentado tanto diminuindo*
> *o fluxo de saída quanto aumentando o fluxo de entrada.*
> *Há mais de uma maneira de encher uma banheira.*

Da mesma forma, uma empresa pode aumentar a força de trabalho com mais contratações ou com menos demissões. Essas duas estratégias podem ter custos muito diferentes. A riqueza de uma nação tende a ser aumentada a partir de investimentos para construir mais fábricas e máquinas. E, às vezes, a custos menores, diminuindo a velocidade com que fábricas e máquinas se desgastam, quebram ou são descartadas.

Você pode ajustar o ralo ou a torneira de uma banheira (fluxo e vazão) de modo abrupto, mas é muito mais difícil mudar o nível da água (o estoque) com rapidez. A água não escoa de uma só vez, mesmo que você abra o ralo por completo. A banheira não pode ser enchida imediatamente, nem mesmo com a torneira aberta ao máximo. *Um estoque leva tempo para mudar porque fluxos e vazões levam tempo para se completar.* Esse é um ponto vital para entendermos como os sistemas se comportam. Os estoques, em geral, mudam com lentidão. Assim, podem gerar atrasos e defasagens no sistema, da mesma maneira que absorver choques, formar lastros e criar fontes de impulso. Os estoques, sobretudo os grandes, respondem a mudanças, mesmo mudanças repentinas, apenas por preenchimento ou esvaziamento gradual.

> *Estoques se modificam devagar, mesmo quando os fluxos de*
> *entrada ou de saída mudam de repente. Assim, podem gerar*
> *atrasos, criar lastros ou absorver choques em um sistema.*

As pessoas às vezes subestimam o impulso inerente de uma ação. O crescimento ou o declínio de uma população, o acúmulo de madeira em uma floresta, o preenchimento de um reservatório, o esgotamento de uma mina – tudo isso leva muito tempo. Uma economia não tem como construir um grande número de fábricas, rodovias e usinas elétricas – muito menos colocá-las em funcionamento – da noite para o dia, mesmo que haja muito dinheiro disponível. Quando uma economia dispõe de muitos altos-fornos e motores de automóveis alimentados com combustíveis derivados do petróleo, não há como efetuar uma mudança rápida para equipamentos que utilizem combustíveis diferentes, mesmo que o preço do petróleo se eleve com rapidez. O acúmulo de poluentes estratosféricos que destroem a camada de ozônio da Terra levou muitas décadas para se formar; sua remoção também levará anos e anos.

Mudanças nos estoques ditam o ritmo da dinâmica dos sistemas. A industrialização não pode avançar mais rápido do que a velocidade com que fábricas e máquinas podem ser construídas nem com que pessoas podem ser treinadas para gerenciá-las e mantê-las. Florestas não crescem da noite para o dia. Quando poluentes se acumulam em águas subterrâneas, sua eliminação só será possível dentro do nível de renovação de águas subterrâneas, algo que pode demorar décadas ou mesmo séculos.

As defasagens de tempo advindas de estoques que mudam com lentidão podem causar problemas nos sistemas, mas também podem ser fontes de estabilidade. O solo que se acumulou ao longo de séculos raramente é solapado de uma só vez. Uma população que adquiriu muito conhecimento não o esquece de imediato. A água de um lençol subterrâneo pode ser bombeada mais depressa que o nível de reposição, e por um bom tempo, antes que o aquífero seja prejudicado. Essas defasagens impostas por ações permitem manobras, experimentos e revisões de políticas que não estão funcionando.

Quando você tem noção da taxa a que os estoques mudam, não espera que as coisas aconteçam com mais velocidade do que podem acontecer. Não desiste tão cedo. Pode usar as oportunidades apresentadas pelo impulso de um sistema para guiá-lo em direção a um bom resultado – assim como um especialista em judô usa o impulso de um oponente para revidar.

Há mais um princípio importante a respeito do papel dos estoques nos sistemas, um princípio que nos levará ao conceito de feedback. A presença de estoques permite que as entradas e saídas sejam independentes umas das outras e temporariamente desequilibradas entre si.

Seria difícil administrar uma empresa petrolífera se a gasolina tivesse que ser produzida na refinaria na mesma velocidade em que os carros a queimam. Não é viável extrair madeira de uma floresta no ritmo exato em que as árvores estão crescendo. Estoques de gasolina nos tanques de armazenamento e de madeira na floresta permitem que a vida prossiga com certa medida de certeza, continuidade e previsibilidade, mesmo com a variação dos fluxos no curto prazo.

Os estoques permitem que entradas e saídas sejam dissociadas, independentes e temporariamente desequilibradas entre si.

Os seres humanos inventaram centenas de dispositivos para a manutenção de estoques de modo a tornar as entradas e saídas independentes e estáveis. Reservatórios permitem que moradores e agricultores que estiverem a jusante de um rio não precisem ajustar a vida e o trabalho às suas variações, sobretudo durante as secas e as enchentes. Os bancos permitem, temporariamente, que você ganhe dinheiro a uma taxa diferente daquela a que gasta. Estoques de produtos ao longo de uma cadeia de distribuidores, atacadistas e varejistas permitem que a produção siga sem problemas, garantindo que as demandas dos clientes sejam atendidas mesmo que as taxas de produção variem.

A maioria das decisões individuais e institucionais é projetada para regular os níveis nos estoques. Se os estoques subirem muito, os preços serão reduzidos ou os orçamentos de publicidade serão aumentados, de modo a aumentar as vendas e reduzir os estoques. Se o estoque de comida em sua cozinha estiver baixo, você vai ao mercado. À medida que o estoque de grãos em crescimento aumenta ou não nos campos, os agricultores decidem se aplicam água ou pesticidas nas plantações, as empresas do agronegócio decidem quantos caminhões devem reservar para as colheitas, os especuladores fazem ofertas sobre valores futuros da safra, os pecuaristas aumentam ou reduzem os rebanhos. Os níveis de água nos reservatórios geram todo tipo de ações corretivas quando sobem ou descem muito. O mesmo pode ser dito sobre o estoque de dinheiro na sua carteira, as reservas de petróleo de uma petrolífera, as pilhas de lascas de madeira que alimentam uma fábrica de papel e a concentração de poluentes em um lago.

As pessoas monitoram os estoques e tomam medidas para aumentá-los, diminuí-los ou mantê-los dentro de faixas aceitáveis. Essas decisões se somam aos fluxos, refluxos, sucessos e problemas de todos os tipos de sistemas. Os pensadores sistêmicos veem o mundo como uma coleção de estoques e concebem mecanismos para regular seus níveis mediante a manipulação de fluxos.

Isso significa que os pensadores sistêmicos veem o mundo como uma coleção de "processos de feedback".

Como o sistema dirige a si mesmo: feedback

Sistemas de controle do feedback de informações são fundamentais para a vida e para os empreendimentos humanos, desde o ritmo lento da evolução biológica até o lançamento do mais recente satélite espacial. Tudo o que fazemos como indivíduos, como indústria ou como sociedade ocorre no contexto de um sistema de feedback de informações.
– Jay W. Forrester[3]

Quando um estoque cresce em alta velocidade, diminui rápido ou é mantido dentro de certos limites independentemente do que aconteça ao redor, é provável que haja um mecanismo de controle em ação. Em outras palavras, se observarmos um comportamento que persiste ao longo do tempo, deve haver um mecanismo criando esse comportamento – um mecanismo que opera mediante um ciclo de feedback. Um comportamento uniforme durante um longo período de tempo é o primeiro indício da existência de um ciclo de feedback.

Um ciclo de feedback é formado quando as mudanças em um estoque afetam os fluxos de entrada ou de saída. Um ciclo de feedback pode ser bastante simples e direto. Pense em uma conta de poupança remunerada com juros por um banco. A quantidade total de dinheiro na conta (o estoque) afeta a quantidade de dinheiro que entra na conta como juros. Isso ocorre porque o banco estabeleceu que a conta rende certo percentual de juros por ano. Os juros depositados na conta a cada ano (o fluxo de entrada) não são um valor fixo, variando conforme o total depositado.

Outro tipo de feedback bastante direto é quando você acessa todos os meses o extrato bancário de sua conta-corrente. Ao ver que o dinheiro disponível na conta (o estoque) diminui, você pode decidir trabalhar mais para ganhar mais dinheiro. O valor que entra na conta é um fluxo que você pode ajustar de modo a elevar o estoque de dinheiro para um nível mais desejável. Caso o estoque aumente muito, você pode se sentir à vontade para trabalhar menos (diminuindo o fluxo de entrada). Esse tipo de ciclo de feedback mantém o nível de dinheiro disponível dentro de um intervalo aceitável para você. Mas ajustar os ganhos não é o único ciclo de feedback que funciona em um estoque de dinheiro. É possível imaginar um ciclo de feedback para ajustar a saída de dinheiro para gastos.

Os ciclos de feedback podem manter, aumentar ou diminuir as ações dentro de um intervalo. Em qualquer caso, os fluxos de entrada ou de saída no estoque são ajustados por mudanças no tamanho do próprio estoque. Quem ou o que está monitorando o nível do estoque inicia então um processo corretivo, ajustando os níveis de fluxo de entrada ou de saída (ou ambos) e alterando o nível do estoque. O nível do estoque controla a si mesmo por meio de uma cadeia de sinais e ações que se realimentam.

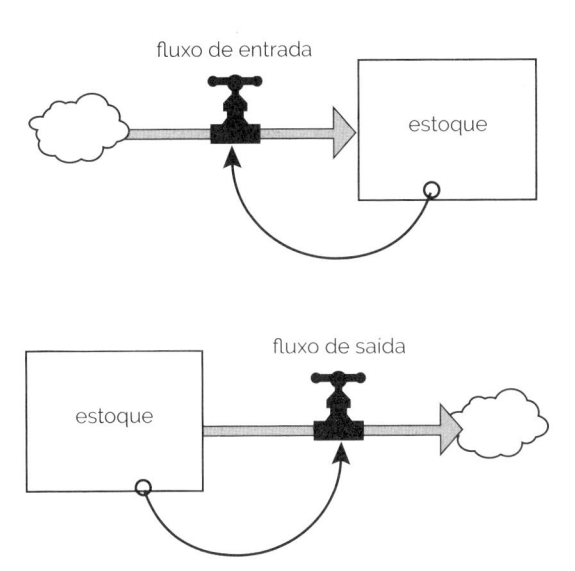

Figura 8. Como ler um diagrama de estoque e fluxo com ciclos de feedback. Cada diagrama distingue o estoque, o fluxo que o altera e o link de informação (mostrado como uma seta fina e curva) que direciona a ação e enfatiza que uma mudança sempre decorre de ajustes nos fluxos.

Nem todos os sistemas têm ciclos de feedback. Alguns são cadeias abertas, relativamente simples, de estoques e fluxos. Uma cadeia pode ser afetada por fatores externos, mas o nível de estoque não afeta seus fluxos. Sistemas que contêm ciclos de feedback são comuns, podendo ser elegantes e até surpreendentes.

Um ciclo de feedback é uma cadeia fechada de conexões causais oriundas de um estoque, que atua mediante um conjunto de decisões, regras, leis físicas ou ações que dependem do nível do estoque e que, por meio de um fluxo, retornam ao estoque para alterá-lo.

Estabilizando os ciclos – equilibrando o feedback

Um tipo comum de ciclo de feedback é aquele que estabiliza o nível do estoque, como no exemplo da conta-corrente. O nível do estoque pode não permanecer completamente fixo, mas permanece dentro de uma faixa aceitável. A seguir veremos alguns ciclos de feedback mais estabilizadores que podem ser familiares para você. Esses exemplos detalham algumas das etapas dentro de um ciclo de feedback.

Se você bebe café, pode tomar uma xícara ao sentir que seu nível de energia está baixo, de modo a se animar de novo. Como uma pessoa que bebe café, você tem em mente um nível de estoque desejado (energia para o trabalho). O objetivo desse sistema de entrega de cafeína é manter o nível de estoque real no nível desejado, ou próximo a ele. (Você também pode ter outros propósitos para beber café: apreciar o sabor ou se envolver em uma atividade social.) É a diferença entre os níveis reais e desejados de energia para o trabalho que impulsiona suas decisões de ajustar a ingestão de cafeína diária.

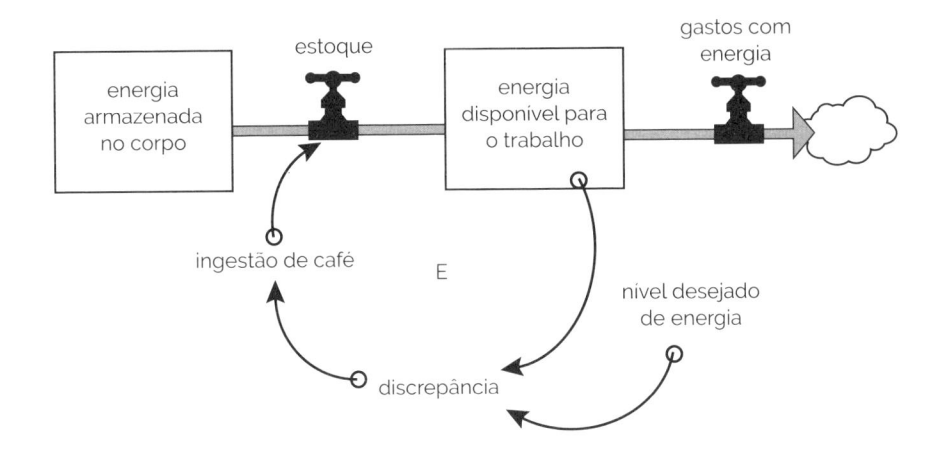

Figura 9. Nível de energia de uma pessoa que bebe café.

Observe que as legendas da figura 9, como todas as legendas de diagrama neste livro, não têm direção. Uma delas diz "energia armazenada no corpo" e não "*baixo* nível de energia"; outra diz "ingestão de café" e não "*mais* café". Isso porque os ciclos operam em duas direções. No caso em pauta, o ciclo de feedback poderá corrigir tanto o excesso quanto a falta de oferta. Se você beber muito café e começar a pular de um lado para outro, por conta da energia excessiva, acabará evitando cafeína por algum tempo. O excesso de energia cria uma discrepância que diz "demais", o que o leva a reduzir a ingestão de café até que o nível de energia se estabilize. O diagrama pretende mostrar que o ciclo pode conduzir o estoque de energia em qualquer direção.

Eu poderia ter mostrado o fluxo de energia vindo de uma nuvem, mas em vez disso tornei o diagrama do sistema um pouco mais complicado. *Lembre-se: todos os diagramas de sistema são simplificações do mundo real.* Cada um de nós determina quanta complexidade deseja observar. Neste exemplo, ilustrei outro estoque – a energia armazenada no corpo que pode ser ativada pela cafeína. Fiz isso para indicar que há mais do que um simples ciclo no sistema. Como é do conhecimento de todos que bebem café, a cafeína é um estimulante de curto prazo: permite que você acelere seu motor, mas não reabastece seu tanque de combustível. O efeito desaparece e deixa seu corpo com menos energia que antes, uma queda que pode reativar o ciclo de feedback e originar mais uma ida à cozinha onde está a cafeteira. (Veja a discussão sobre vícios mais adiante.) Assim como pode ativar algumas respostas de feedback mais saudáveis e de longo prazo: comer alguma coisa, dar um passeio, dormir um pouco.

Esse tipo de ciclo estabilizador, de busca de objetivos e regulador, é chamado *ciclo de feedback de equilíbrio* – assim, no diagrama da página anterior, coloquei um E (de equilíbrio) no interior do ciclo. Os ciclos de feedback de equilíbrio representam a *busca de objetivos* ou a *busca de estabilidade*. Cada um tenta manter um estoque em determinado valor ou dentro de um intervalo de valores. Um ciclo de feedback de equilíbrio dificulta qualquer mudança imposta ao sistema. Se você empurrar um estoque muito para cima, um ciclo de equilíbrio tentará puxá-lo de volta para baixo. Se empurrá-lo muito para baixo, um ciclo de equilíbrio tentará levá-lo de volta para cima.

Outro ciclo de feedback de equilíbrio que envolve café, mas que obedece às leis da física e não a decisões humanas: uma xícara de café quente vai esfriar pouco a pouco até atingir a temperatura ambiente. A velocidade de resfriamento depende da diferença entre a temperatura do café e a temperatura ambiente. Quanto maior a diferença, mais rápido o café esfriará. O ciclo também funciona ao contrário – se você fizer café gelado em um dia quente, ele aquecerá até atingir a temperatura ambiente. A função deste sistema é zerar a discrepância entre a temperatura do café e a temperatura ambiente, independentemente da direção da diferença.

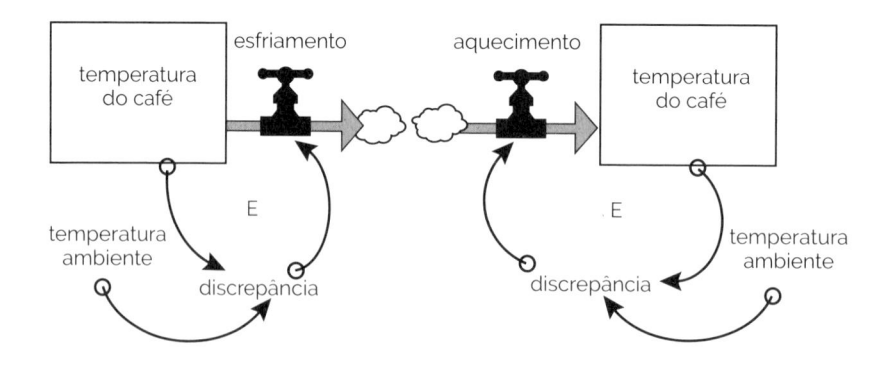

Figura 10. Uma xicara de café esfriando (à esquerda) ou aquecendo (à direita).

Começando com o café em diferentes temperaturas – um pouco abaixo do ponto de fervura até um pouco acima do ponto de congelamento –, os gráficos da figura 11 mostram o que acontece com a temperatura ao longo do tempo (caso você não beba o café). Você verá aqui o comportamento "caseiro" de um ciclo de feedback de equilíbrio. Qualquer que seja o valor inicial do estoque do sistema (no caso, a temperatura do café), se estiver acima ou abaixo da "meta" (a temperatura ambiente), o ciclo de feedback o leva em direção à meta. A mudança é mais rápida no início, e fica mais lenta à medida que a diferença entre o estoque e a meta diminui.

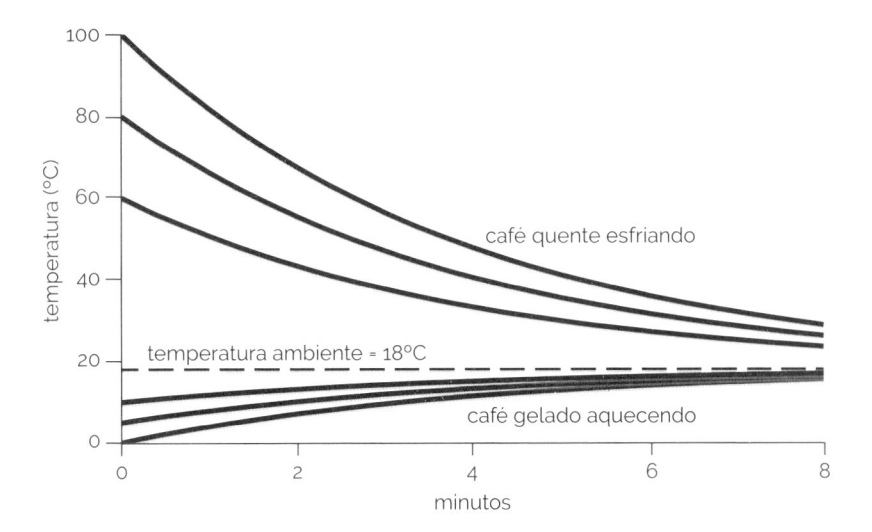

Figura 11. Temperatura do café à medida que se aproxima da temperatura ambiente de 18°C.

Os ciclos de feedback de equilíbrio são estruturas de equilíbrio ou de busca de objetivos nos sistemas e são fontes tanto de estabilidade quanto de resistência a mudanças.

Esse padrão de comportamento – aproximação gradual de um objetivo definido pelo sistema – pode ser visto também quando um elemento radioativo decai, quando um míssil alcança o alvo, quando um ativo se deprecia, quando um reservatório é elevado ou reduzido ao nível desejado, quando seu corpo ajusta o nível de açúcar no sangue, quando você para o carro em um sinal de trânsito. É possível imaginar muitos outros exemplos. O mundo está cheio de ciclos de feedback em busca de objetivos.

A presença de um mecanismo de feedback não significa que esse mecanismo funcione bem. Ele pode não ser forte o suficiente para levar o estoque ao nível desejado. Os feedbacks – as interconexões, a parte de informações do sistema – podem falhar por vários motivos. A informação pode chegar tarde demais ou no lugar errado. Pode ser pouco clara, incompleta ou difícil de interpretar. A ação que a informação desencadeia pode ser muito fraca, tardia ou limitada ou ineficaz. O objetivo do ciclo de feedback pode nunca ser alcançado pelo estoque real. Mas no exemplo simples de uma xícara de café, a bebida acabará atingindo a temperatura ambiente.

Ciclos descontrolados – feedback de reforço

> *Eu precisaria relaxar para refrescar o cérebro, mas para relaxar é preciso viajar, para viajar é preciso ter dinheiro e para ter dinheiro é preciso trabalhar. Estou em um círculo vicioso... do qual é impossível escapar.*
> – Honoré de Balzac,[4] escritor do século XIX

> *Aqui encontramos uma característica muito importante que parece um raciocínio circular: os lucros caíram porque o investimento caiu, e o investimento caiu porque os lucros caíram.*
> – Jan Tinbergen,[5] economista

O segundo tipo de ciclo de feedback é o de reforço, amplificação, automultiplicação, irrefreabilidade – um círculo vicioso ou virtuoso que pode originar crescimento saudável ou destruição descontrolada. É conhecido como ciclo de feedback de reforço (indicado com um R nos diagramas). Gera mais entradas a um estoque quanto mais estoque houver (e menos entradas quanto menos estoque houver). Um ciclo de feedback de reforço intensifica qualquer direção de mudança que lhe seja imposta.

Por exemplo:

- Quando éramos crianças, quanto mais meu irmão me empurrava, mais eu o empurrava de volta, e quanto mais ele me empurrava de volta, mais eu o empurrava outra vez.
- Quanto mais os preços dos bens de consumo sobem, mais os salários precisam subir para que as pessoas mantenham o padrão de vida. Quanto mais os salários sobem, mais os preços precisam subir para que os lucros sejam mantidos. Assim, os salários têm que subir de novo, o que faz os preços subirem, e assim por diante.
- Quanto mais coelhos existirem, mais pais coelhos existirão para fazer filhotes de coelhos. Quanto mais filhotes de coelhos existirem, mais crescerão e se tornarão pais de coelhos, gerando mais filhotes.
- Quanto mais o solo é erodido, menos plantas podem crescer e menos raízes há; e quanto menos raízes há, mais o solo é erodido e menos plantas podem crescer.
- Quanto mais toco piano, mais prazer o som me dá; e quanto mais prazer tenho, mais toco piano e mais prática adquiro.

Ciclos de reforço são encontrados sempre que elementos de um sistema têm capacidade de se reproduzir ou crescer como uma fração constante de si mesmos. Esses elementos incluem populações e economias. Você se lembra do exemplo da conta bancária e dos juros? Quanto mais dinheiro você tem no banco, mais recebe em juros, que são adicionados ao dinheiro que já está rendendo ainda mais juros.

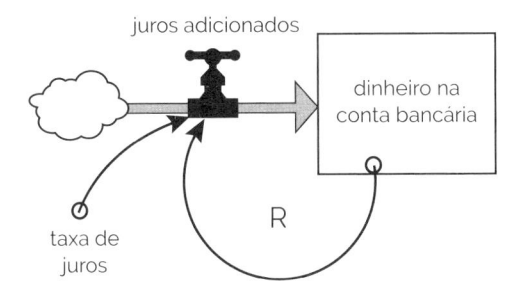

Figura 12. Conta bancária remunerada.

A figura 13, a seguir, demonstra como o ciclo de reforço multiplica o dinheiro, partindo de um depósito inicial de 100 dólares no banco e presumindo que não haja depósitos nem saques num período de 12 anos. As cinco linhas mostram cinco taxas de juros diferentes, de 2% a 10% ao ano.

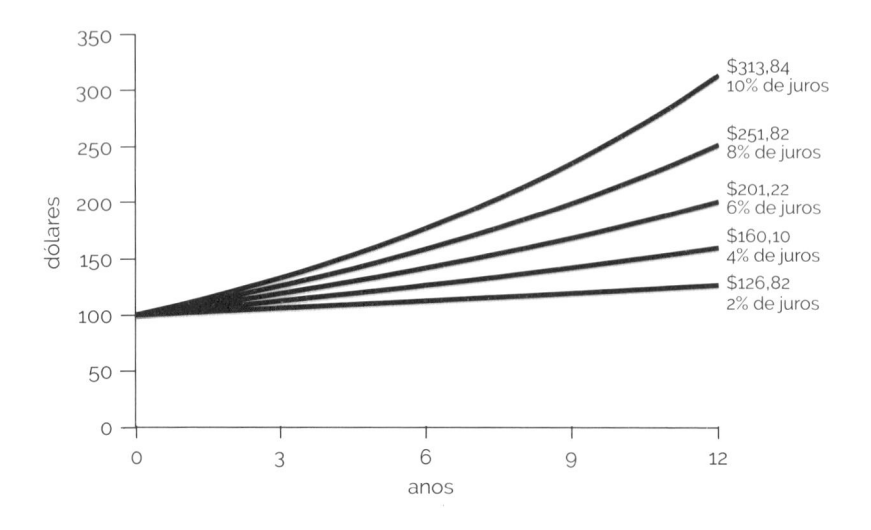

Figura 13. Crescimento de uma poupança com diferentes taxas de juros.

Não se trata de um simples crescimento linear, pois não é constante ao longo do tempo. O crescimento da conta bancária com juros mais baixos, nos primeiros anos, pode até parecer linear, mas é cada vez mais rápido. Quanto mais dinheiro há, mais é adicionado. Esse tipo de crescimento é chamado "exponencial". Pode ser bom ou ruim, dependendo do que está crescendo – dinheiro no banco, pessoas com HIV/aids, pragas em um milharal, a economia de um país ou armas em uma corrida armamentista.

Os ciclos de feedback de reforço geram, ao longo do tempo, crescimentos exponenciais ou colapsos descontrolados. Ocorrem sempre que um estoque tem a capacidade de se ampliar ou se multiplicar por si mesmo.

A figura 14 demonstra que quanto mais máquinas e fábricas (coletivamente chamadas "capital") você tiver, mais bens e serviços ("saída") poderá produzir. E quanto maior for a produção, mais você poderá investir em novas máquinas e fábricas. Ou seja, quanto mais você faz, mais capacidade tem de fazer ainda mais. Esse ciclo de feedback de reforço é o motor central do crescimento em uma economia.

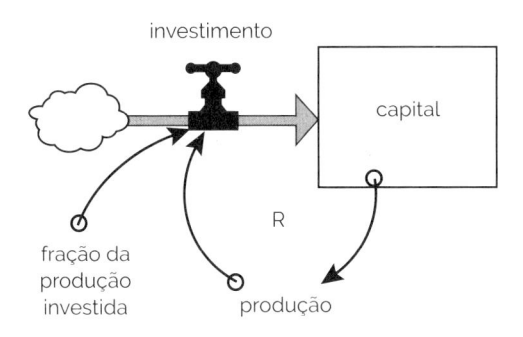

Figura 14. Reinvestimento em capital.

A essa altura, você já percebeu como os ciclos de feedback de equilíbrio e de reforço são básicos para os sistemas. Às vezes, desafio meus alunos a pensar em qualquer decisão que ocorra *sem* um ciclo de feedback – ou seja, tomada sem levar em conta nenhuma informação sobre o nível do estoque que afeta. Tente pensar sobre isso. Quanto mais o fizer, mais começará a ver ciclos de feedback por toda parte.

As decisões "sem feedback" mais comuns sugeridas pelos alunos são apaixonar-se e cometer suicídio. Vou deixar que você pense se essas decisões são tomadas de fato sem feedback.

> **DICA PARA CICLOS DE REFORÇO E TEMPO DE DUPLICAÇÃO**
>
> Como esbarramos em ciclos de reforço com tanta frequência, é útil conhecer o seguinte atalho: o tempo necessário para que um estoque com crescimento exponencial dobre de tamanho, o chamado "tempo de duplicação", equivale a aproximadamente 70 dividido pela taxa de crescimento (expressa em porcentagem). Exemplo: se você colocar 100 dólares no banco com juros de 7% ao ano, você dobrará o dinheiro em dez anos (70 ÷ 7 = 10). Se obtiver somente 5% de juros, seu dinheiro levará 14 anos para dobrar.

Atenção! Se você vê ciclos de feedback em todos os lugares, já corre o risco de se tornar um pensador sistêmico. Em vez de perceber apenas como A causa B, começará a se perguntar como B *também* pode influenciar A – e como A pode se reforçar ou se reverter. Quando você ouve no noticiário que o Federal Reserve Bank (o banco central americano) fez alguma coisa para controlar a economia, logo percebe que a economia deve ter feito alguma coisa para afetar o Federal Reserve Bank. E quando alguém lhe disser que o crescimento populacional gera pobreza, você se perguntará como a pobreza pode gerar crescimento populacional.

> **PENSE NISTO:**
>
> Se A causa B, é possível que B também cause A?

Você já não estará pensando em termos de um mundo estático, mas dinâmico. E vai parar de procurar quem é o culpado; em vez disso, começará a perguntar: "Qual é o sistema?" O conceito de feedback traz a ideia de que um sistema pode gerar o próprio comportamento.

Até agora limitei o assunto a um ciclo de feedback de cada vez. É claro que, em sistemas reais, os ciclos de feedback raramente aparecem sozinhos.

São interligados e, muitas vezes, de modo bastante complexo. É provável que um único estoque tenha vários ciclos de reforço e equilíbrio com diferentes forças, que o arrastam em várias direções. Um único fluxo pode ser ajustado pelo conteúdo de três ou cinco ou vinte estoques. Pode encher um estoque enquanto drena outro e alimenta decisões que alteram ainda outro. Os muitos ciclos de feedback em um sistema puxam cada qual para um lado, tentando fazer os estoques crescer, morrer ou entrar em equilíbrio uns com os outros. Como resultado, os sistemas complexos fazem muito mais do que permanecer estáveis, explodir exponencialmente ou se aproximar de modo suave das metas.

2
Uma breve visita ao zoológico de sistemas

O objetivo de todas as teorias é tornar os elementos básicos o mais simples e em menor quantidade possível, sem renunciar à representação adequada da experiência.
– Albert Einstein,[1] físico

Uma boa maneira de aprender algo novo é mediante exemplos específicos em vez de abstrações e generalidades. Portanto, veremos agora vários exemplos – comuns, simples, mas importantes – de sistemas úteis que ilustrarão princípios gerais de sistemas complexos.

Esta coleção, a exemplo de um zoológico, tem alguns pontos fortes e fracos.[2] Dá uma ideia da grande variedade de sistemas que existem no mundo, mas está longe de ser uma representação completa. Assim, agrupa os animais por família – macacos aqui, ursos ali (sistemas de estoque único aqui, sistemas de dois estoques ali) – para que você possa observar o comportamento característico dos macacos e compará-los com o dos ursos. Porém, como um zoológico, esta coleção é muito organizada. Para tornar os animais visíveis e compreensíveis, cada qual é separado dos outros e de seu ambiente normal de camuflagem. Assim como os animais do zoológico se misturam em seus ecossistemas, os animais dos sistemas aqui descritos se conectam e interagem uns com os outros e mais outros, compondo com seus zumbidos, rosnados e chilreios a complexidade instável em que vivemos.

Mas os ecossistemas virão depois. Por enquanto, vamos examinar um animal de cada vez.

Sistemas de estoque único

Sistema com dois ciclos de equilíbrio conflitante – um termostato

Já vimos o comportamento "volta para casa" do ciclo de feedback de equilíbrio – como o resfriamento do café. Mas o que acontece quando há dois desses ciclos, tentando arrastar um único estoque em direção a dois objetivos diferentes?

Um exemplo de tal sistema é o mecanismo do termostato que regula o aquecimento do seu quarto (ou resfriamento, caso esteja conectado a um aparelho de ar condicionado). Como todos os modelos, a representação de um termostato na figura 15 é uma simplificação de um sistema de aquecimento doméstico.

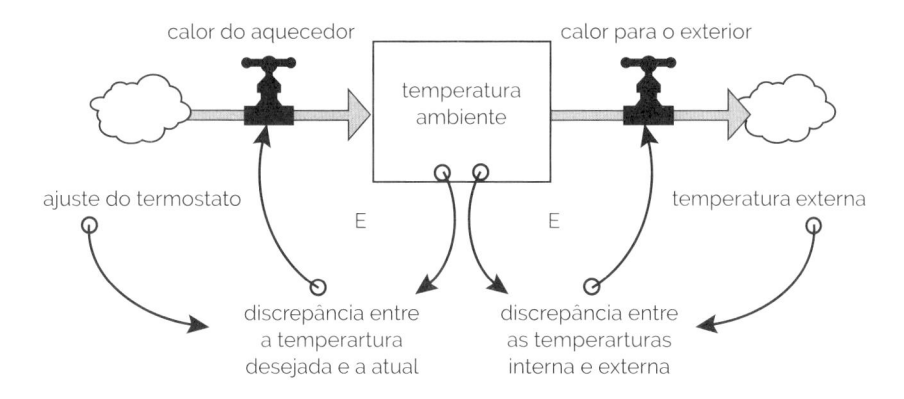

Figura 15. Temperatura do quarto regulada por um termostato e um aquecedor.

Sempre que a temperatura ambiente cai abaixo do ajuste do termostato, o termostato detecta uma discrepância e envia um sinal que aumenta a calefação, aquecendo o ambiente. Quando a temperatura ambiente volta a aumentar, o termostato desliga a calefação. Esse simples ciclo de feedback de equilíbrio para a manutenção do estoque é mostrado no lado esquerdo da figura 15. Se não houver nada mais no sistema e você começar com o termostato do quarto ajustado em 18°C, o ciclo se comportará como mostrado na figura 16. O aquecedor é ligado e o quarto aquece. Quando a temperatura do quarto atinge a que foi definida no termostato, o aquecedor se desliga e o quarto permanece na temperatura desejada.

No entanto, esse não é o único ciclo no sistema. O calor também vaza para o exterior. A saída de calor é governada pelo segundo ciclo de feedback de equilíbrio – mostrado no lado direito da figura 15 –, que está sempre tentando igualar a temperatura ambiente à temperatura externa, assim como uma xícara de café esfriando. Se esse fosse o único ciclo no sistema (caso não houvesse aquecedor), a figura 17 mostra o que aconteceria, começando com um quarto aquecido em um dia frio.

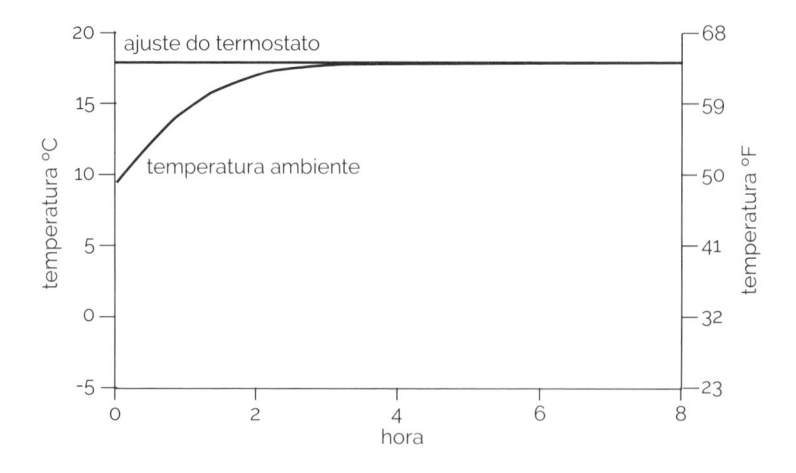

Figura 16. Um quarto frio aquece rapidamente até o ajuste do termostato.

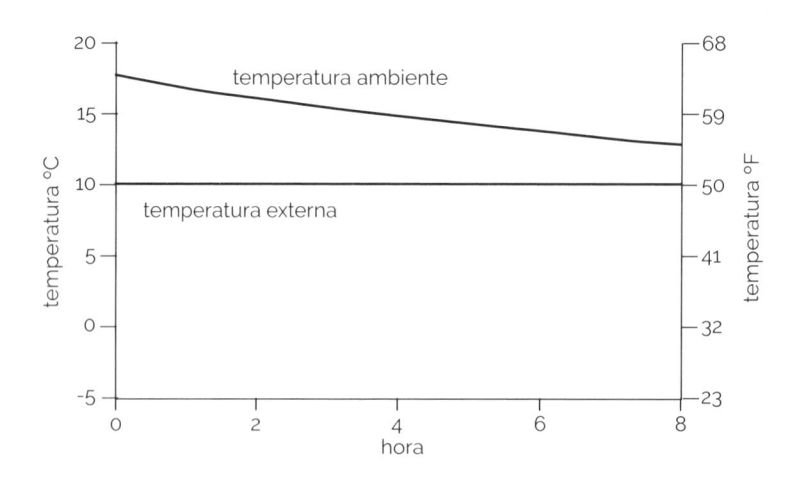

Figura 17. Um quarto aquecido esfria lentamente até a temperatura externa de 10°C.

A suposição é de que o isolamento do quarto não é perfeito, permitindo que o calor vaze do quarto aquecido para o ar livre. Quanto melhor o isolamento, mais lenta a queda de temperatura.

Agora, o que acontece quando esses dois ciclos operam ao mesmo tempo? Supondo que haja isolamento suficiente e um aquecedor de tamanho adequado, o circuito de aquecimento supera o circuito de resfriamento. E você obtém um quarto quente (ver figura 18), mesmo começando com um ambiente frio num dia frio.

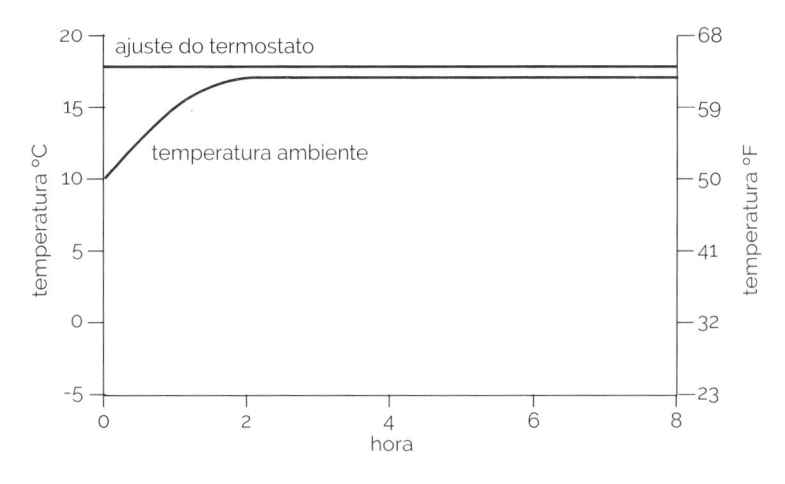

Figura 18. O aquecedor aquece um quarto frio mesmo que o calor continue a vazar dali.

À medida que o quarto aquece, o calor que vaza aumenta, pois há uma diferença maior entre as temperaturas interna e externa. Mas o aquecedor acrescenta mais calor que a quantidade vazada; portanto, o quarto aquece até quase a temperatura estipulada. Nesse ponto, o aquecedor liga e desliga, compensando o calor que flui constantemente para fora do recinto. O termostato está ajustado em 18°C nesta simulação, mas a temperatura ambiente fica um pouco abaixo. Isso se deve ao vazamento para fora, que drena um pouco de calor mesmo quando o aquecedor recebe o sinal para repô-lo. Trata-se de um comportamento característico, e às vezes surpreendente, de um sistema com ciclos de equilíbrio concorrentes. É como tentar manter um balde cheio quando há um buraco no fundo. O vazamento de água do buraco também é governado por um ciclo de feedback; quanto mais água houver no balde, mais aumentará a pressão sobre o furo, o que faz aumentar a vazão. No caso em análise, estamos tentando manter o ambiente mais quente que o exterior. Porém, quanto mais o ambiente esquenta, mais depressa perde calor. Leva tempo para que o aquecedor corrija o aumento da perda de calor – e durante esse período o calor continua vazando. Em uma casa com bom isolamento, a vazão é mais lenta; portanto, essa casa será sempre mais confortável que outra mal isolada, mesmo que essa segunda casa disponha de um grande aquecedor.

Quem utiliza aquecimento doméstico já aprendeu a ajustar o termostato a uma temperatura um pouco maior do que a realmente desejada. Definir o quanto maior pode ser meio complicado, pois a taxa de vazão é maior em dias frios. Mas o problema de controle do termostato não chega a ser sério. Mediante tentativas e erros, você conseguirá ajustá-lo a uma temperatura agradável.

Para outros sistemas com estrutura de ciclos de equilíbrio concorrentes, o fato de que o estoque continua mudando enquanto você tenta controlá-lo pode criar sérios problemas. Suponha que você esteja tentando manter o estoque de uma loja em determinado nível. Você não pode compensar um déficit encomendando um novo estoque. Se não levar em conta as mercadorias que serão vendidas enquanto aguarda a chegada do pedido, o estoque jamais será suficiente. Você pode se enganar da mesma forma se estiver tentando manter em determinado nível um saldo de caixa, a água de um reservatório ou a concentração de um produto químico em um sistema de reação em fluxo contínuo.

Há um princípio geral importante aqui, e também um princípio específico para a estrutura do termostato. Primeiro, o princípio geral: a informação fornecida por um ciclo de feedback só pode afetar o comportamento futuro; não pode prover informações que corrijam o comportamento que ensejou o feedback atual e, portanto, não terá um impacto rápido o suficiente. Uma pessoa que toma decisões com base no feedback não tem como mudar o comportamento do sistema que gerou o atual. As decisões que tomar afetarão apenas o comportamento futuro.

> *As informações fornecidas por um ciclo de feedback –*
> *ainda que não físico – só podem afetar o comportamento*
> *futuro; não podem gerar um sinal com rapidez suficiente*
> *para corrigir o comportamento que gerou o feedback.*
> *Mesmo informações não físicas levam tempo para*
> *ser realimentadas no sistema.*

Por que isso é importante? Porque significa que sempre haverá atrasos na resposta. Um fluxo não pode reagir instantaneamente a outro fluxo. Só pode reagir a uma mudança num estoque e somente após um pequeno atraso, de modo a registrar as informações recebidas. Na banheira, você leva uma fração de segundo para avaliar a profundidade da água e ajustar os fluxos. Muitos modelos econômicos cometem um erro nessa questão ao presumir que o consumo ou a produção podem responder de imediato a uma mudança de preço, por exemplo. Essa é uma das razões pelas quais as economias reais tendem a não se comportar como os modelos econômicos.

O princípio específico que se pode deduzir desse sistema simples é que, em sistemas semelhantes a termostatos, você deve levar em conta quaisquer processos de drenagem ou preenchimento que estejam ocorrendo. Caso não o faça, não atingirá o nível-alvo do estoque. Se deseja que a temperatura ambiente permaneça em 18°C, você deve ajustar o termostato um pouco acima dessa temperatura. Se quiser pagar o cartão de crédito com atraso, precisará incluir taxas e multas no valor devido. Se quiser ampliar o quadro funcional de sua empresa, terá que ser rápido nas contratações (ou contratar alguns funcionários a mais), de modo a cobrir desligamentos que possam ocorrer durante o processo. Em outras palavras, precisa incluir todos os fluxos importantes no modelo mental do sistema, ou o comportamento do sistema o surpreenderá.

> *Um ciclo de feedback de equilíbrio precisa ter seu objetivo definido para compensar os processos de drenagem ou preenchimento que afetam o estoque. Caso contrário, o processo de feedback ficará aquém ou além da meta definida para o estoque.*

Antes de deixarmos de lado o termostato, vamos ver como ele se comporta diante de uma temperatura externa variável. A figura 19 representa um sistema de termostato em operação normal durante um período de 24 horas, com a temperatura externa bem abaixo do ponto de congelamento. A entrada de calor proveniente do aquecedor acompanha a saída de calor. Como se pode ver, a temperatura no quarto quase não varia depois que o ambiente aquece.

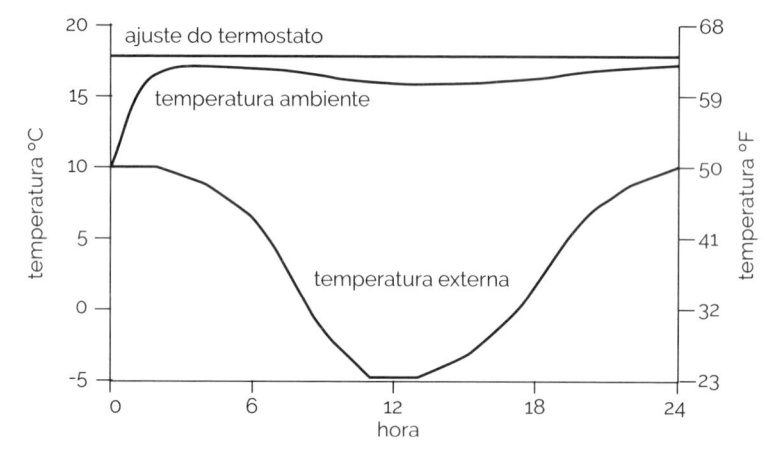

Figura 19. O aquecedor aquece um recinto frio, ainda que haja vazamentos e que as temperaturas externas se mantenham abaixo do ponto de congelamento.

Cada ciclo de feedback de equilíbrio tem um ponto de ruptura, justamente quando outros ciclos afastam o estoque de seu objetivo com mais força do que ele consegue resistir. Isso pode acontecer no sistema de termostato que simulamos, se eu enfraquecer a potência do ciclo de aquecimento (com um aquecedor menor que não produza a mesma quantidade de calor), ou se eu fortalecer o poder do circuito de resfriamento (temperatura externa mais fria, menos isolamento ou vazamentos maiores). A figura 20 ilustra o que acontece com as mesmas temperaturas externas da figura 19, mas com uma perda de calor mais rápida. Em temperaturas muito frias, o aquecedor não consegue acompanhar a vazão do calor. O ciclo que está tentando igualar a temperatura ambiente à temperatura externa domina o sistema por algum tempo e o quarto fica bem desconfortável.

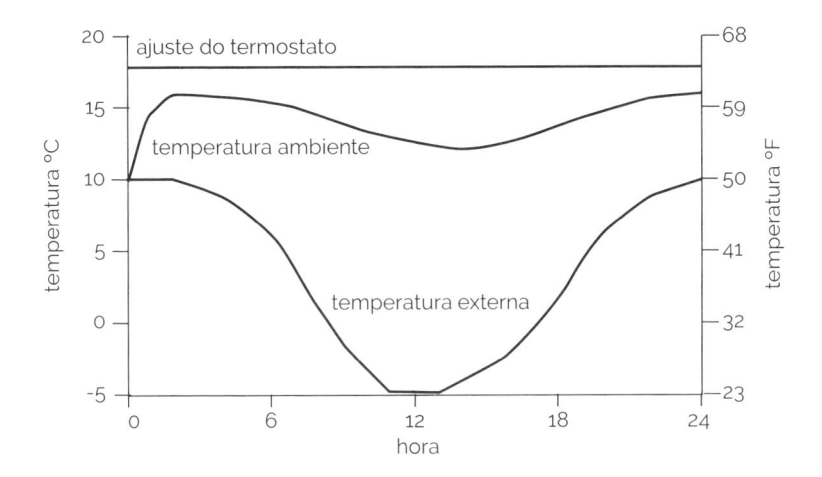

Figura 20. Em um dia frio, o aquecedor não consegue manter o quarto aquecido em uma casa cheia de vazamentos.

Veja se você consegue acompanhar, ao longo do tempo, como as variáveis da figura 20 se relacionam umas com as outras. No início, tanto a temperatura ambiente quanto a externa estão frias. O calor do aquecedor excede o vazamento para o exterior e o quarto se aquece. Por uma ou duas horas, o exterior permanece ameno o suficiente para que o aquecedor reponha a maior parte do calor perdido e a temperatura ambiente permaneça próxima da temperatura desejada.

Mas à medida que a temperatura externa cai e o vazamento de calor aumenta, o aquecedor não pode produzir calor com rapidez suficiente. Assim, a temperatura ambiente cai. Por fim, a temperatura externa aumenta de novo, o vazamento de calor diminui e o aquecedor, ainda operando a toda, pode recomeçar a aquecer o recinto.

Assim como nas regras para a banheira, sempre que o aquecedor injeta mais calor do que é perdido nos vazamentos, a temperatura ambiente aumenta. E sempre que o nível de entrada fica abaixo do nível de saída, a temperatura cai. Se você estudar as mudanças do sistema neste gráfico e as relacionar com o diagrama de realimentação do sistema, terá uma boa noção de como as interconexões estruturais do sistema – seus dois circuitos de realimentação e como suas forças mudam respectivamente – determinam o comportamento do sistema ao longo do tempo.

Sistema com um ciclo de reforço e um ciclo de equilíbrio – população e economia industrial

O que acontece quando um ciclo de reforço e um ciclo de equilíbrio estão puxando o mesmo estoque? Essa é uma das estruturas de sistema mais comuns e importantes, pois, entre outras coisas, descreve todas as populações vivas e todas as economias.

Uma população tem um ciclo de reforço que a leva a crescer segundo a taxa de natalidade, e um ciclo de equilíbrio que a leva a morrer segundo a taxa de mortalidade.

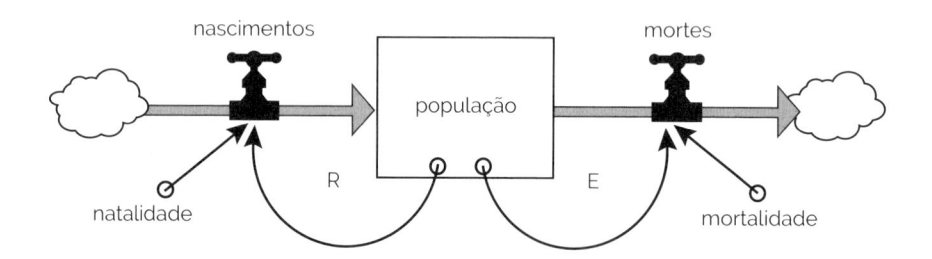

Figura 21. População controlada por um ciclo de reforço de nascimentos e um ciclo de equilíbrio de mortes.

Enquanto a natalidade e a mortalidade forem constantes (o que em sistemas reais raras vezes ocorre), este sistema tem um comportamento simples: cresce exponencialmente ou morre, dependendo se o ciclo de feedback de reforço determinando nascimentos for mais forte do que o ciclo de feedback de equilíbrio determinando mortes – ou vice-versa.

A taxa de natalidade da população mundial em 2007* (6,6 bilhões de pessoas) era de aproximadamente 21 nascimentos por ano para cada mil pessoas; e a taxa de mortalidade era de nove mortes por ano para cada mil pessoas. Sendo a natalidade maior que a mortalidade, o ciclo de reforço dominou o sistema. Se essas taxas de natalidade e mortalidade continuarem inalteradas, a população mundial mais que dobrará quando uma criança nascida agora atingir a idade de 60 anos, como revela a figura 22.

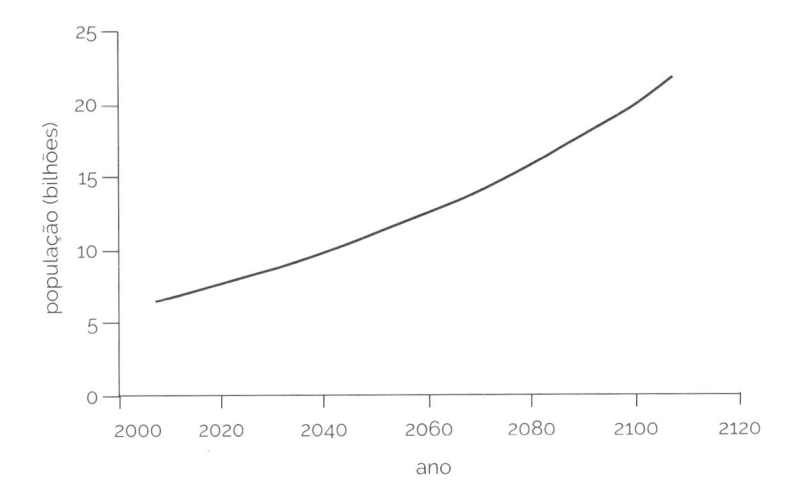

Figura 22. Crescimento populacional se a natalidade e a mortalidade mantiverem os níveis de 2007: 21 nascimentos e nove mortes para cada mil pessoas.

Se por alguma doença terrível a taxa de mortalidade fosse maior, digamos 30 mortes por mil, e a taxa de natalidade continuasse a ser 21, o ciclo de mortes dominaria o sistema. A cada ano mais pessoas morreriam do que nasceriam, e a população diminuiria de modo gradual (ver figura 23).

---

* Este livro foi publicado originalmente em 2008. (*N. da E.*)

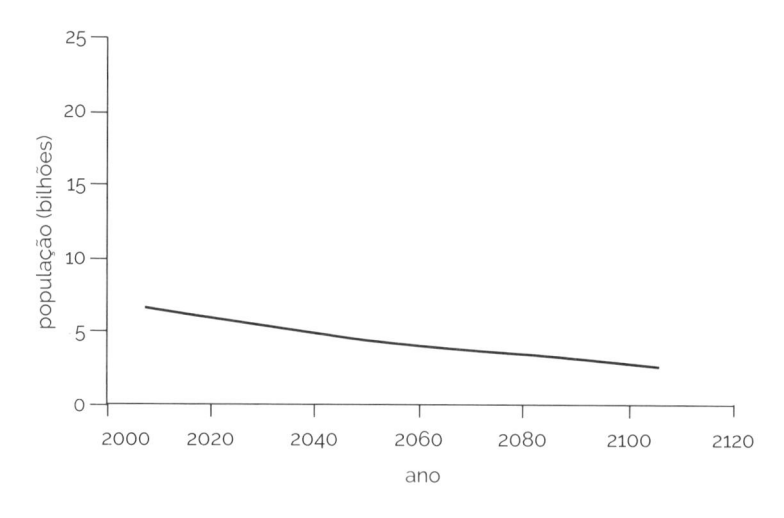

Figura 23. A população declinaria se a natalidade permanecesse no nível de 2007 (21 nascimentos por mil), mas a mortalidade fosse muito maior, com 30 mortes por mil.

As coisas ficam mais interessantes se a natalidade e a mortalidade mudarem ao longo do tempo. Quando fazem projeções populacionais de longo alcance, a Organização das Nações Unidas (ONU) presume que, à medida que os países se tornam mais desenvolvidos, a natalidade média diminui, aproximando-se da taxa de reposição, em que cada mulher tem 1,85 filho – em 2015, a taxa de natalidade no Brasil foi de 1,72 filho por mulher. As suposições eram de que a mortalidade também diminuiria, porém mais lentamente (pois já é baixa na maior parte do mundo). No entanto, por conta da epidemia de HIV/aids, a ONU presume que a tendência de aumento da expectativa de vida nos próximos 50 anos diminuirá nas regiões afetadas pela doença.

A mudança de fluxos (natalidade e mortalidade) cria, ao longo do tempo, uma mudança no comportamento do estoque (população) – a linha se dobra. Se até o ano de 2035, por exemplo, a taxa mundial de natalidade cair de forma constante, igualando-se à de mortalidade, e ambas permanecerem constantes, a população se estabilizará, com os nascimentos e as mortes em equilíbrio dinâmico, como revela a figura 24.

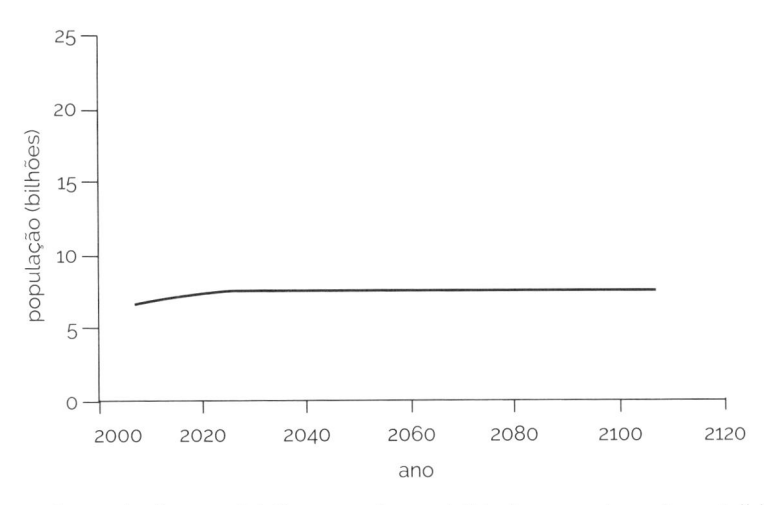

Figura 24. A população se estabiliza quando a natalidade se equipara à mortalidade.

Esse comportamento é um exemplo do domínio variável dos ciclos de feedback. Domínio é um conceito importante no pensamento sistêmico. Quando um ciclo domina outro, tem forte impacto no comportamento de todos. Como os sistemas têm diversos ciclos de feedback competindo entre si, os ciclos que dominam o sistema determinarão seu comportamento.

Em princípio, quando a natalidade é maior que a mortalidade, o ciclo de reforço do crescimento domina o sistema e o comportamento resultante é um crescimento exponencial. Mas esse ciclo se enfraquece de modo gradual à medida que a natalidade cai – até que sua força se torne igual à do ciclo de equilíbrio da mortalidade. Neste ponto, nenhum dos ciclos prevalece e temos um equilíbrio dinâmico.

Vimos a mudança de domínio no sistema do termostato, quando a temperatura externa caiu e o calor que vazava da casa mal isolada superou a capacidade do aquecedor de repor o calor no ambiente – e o domínio mudou do ciclo de aquecimento para o ciclo de resfriamento.

Comportamentos complexos surgem em um sistema quando as forças relativas dos ciclos de feedback mudam, levando um ciclo e depois outro a assumir predominância.

Existem apenas algumas formas de comportamento para um sistema populacional, que dependem do que acontece com as variáveis "condutoras" – natalidade e mortalidade –, as únicas possíveis para um sistema simples de ciclo de reforço e ciclo de equilíbrio. Um estoque governado por ciclos de reforço e de equilíbrio vinculados crescerá exponencialmente se o ciclo de reforço dominar o de equilíbrio; morrerá se o ciclo de equilíbrio dominar o de reforço; e ficará nivelado se ambos os ciclos tiverem a mesma força (ver figura 25). Ou fará uma sequência dessas coisas, uma após outra, se as forças relativas dos ciclos mudarem ao longo do tempo (ver figura 26).

Escolhi alguns cenários populacionais provocativos para ilustrar um ponto sobre modelos e o que podem gerar. Sempre que depara com um cenário (tal como uma previsão econômica, um orçamento corporativo, uma previsão do tempo, um relatório sobre futuras mudanças climáticas ou a opinião de um corretor da bolsa sobre o que vai acontecer com determinada *holding*), você pode fazer perguntas que o ajudarão a decidir se a representação da realidade no modelo subjacente é boa de fato.

- Os fatores determinantes se desdobrarão dessa maneira? (Qual o comportamento provável da taxa de natalidade e da taxa de mortalidade?)
- O sistema reagiria dessa forma se os fatores determinantes se desdobrassem? (As taxas de natalidade e de mortalidade levam o estoque de população a se comportar como pensamos?)
- O que está impulsionando os fatores determinantes? (O que afeta a taxa de natalidade? O que afeta a taxa de mortalidade?)

A primeira pergunta não pode ser respondida de modo objetivo. É um palpite sobre o futuro, e o futuro é inerentemente incerto. Embora você possa ter forte convicção sobre o assunto, não há como provar que está certo até que o futuro de fato aconteça. Uma análise de sistemas pode testar diversos cenários de modo a verificar o que acontece caso os fatores determinantes façam coisas diferentes. Este é, em geral, um dos propósitos de uma análise de sistemas. Mas você terá que decidir qual cenário, se houver algum, pode ser levado a sério como um futuro possível.

A: Crescimento

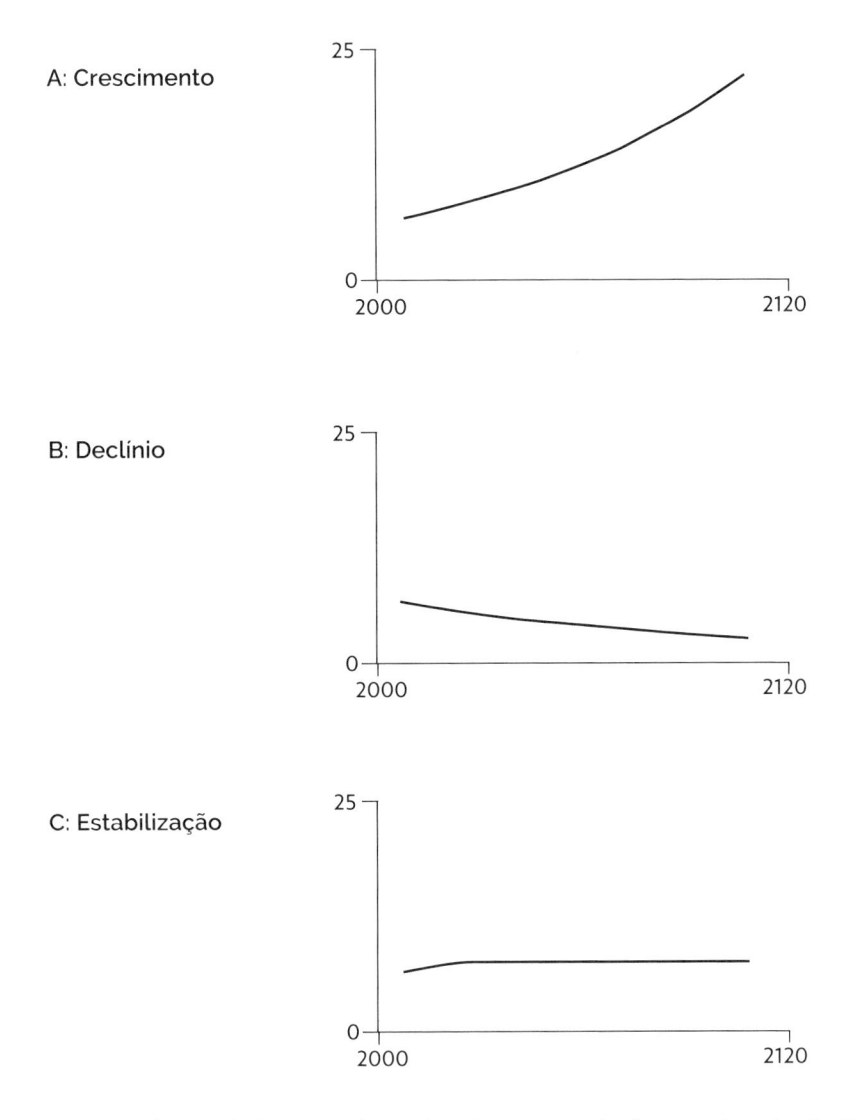

B: Declínio

C: Estabilização

Figura 25. Três possíveis comportamentos de uma população: crescimento, declínio e estabilização.

Os estudos de sistemas dinâmicos não são projetados para *prever* o que acontecerá. São projetados para investigar *o que aconteceria* caso diversos fatores determinantes se desdobrassem de modos diferentes.

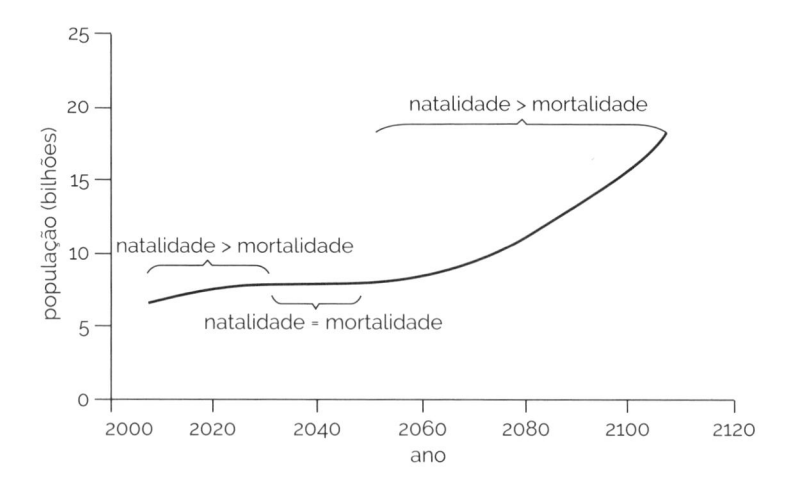

Figura 26. Predomínio variável dos ciclos de natalidade e mortalidade.

A segunda pergunta – se o sistema reagirá de determinada forma – é mais científica: até que ponto o modelo é bom? Será que captura a dinâmica inerente do sistema? Independentemente de você achar que os fatores determinantes *farão* isso ou aquilo, *o sistema se comportaria da forma desejada* caso o fizessem?

Modelos de dinâmica de sistemas exploram futuros possíveis e fazem perguntas "e se".

Nos cenários populacionais exemplificados acima, a resposta à segunda pergunta é sim, a população se comportaria dessa forma se a natalidade e a mortalidade se comportassem desse modo. O modelo populacional que usei aqui é muito simples. Um modelo mais detalhado distinguiria as faixas etárias, por exemplo. No entanto, esse modelo responde da mesma forma que uma população real responderia, crescendo como uma população real cresceria, declinando quando uma população real diminuiria. Os números são fictícios, mas o padrão de comportamento básico é realista.

PERGUNTAS PARA TESTAR O VALOR DE UM MODELO
1. É provável que os fatores determinantes se desenvolvam desse modo?
2. Se o fizessem, o sistema reagiria desse modo?
3. O que está impulsionando os fatores determinantes?

Por fim, há uma terceira pergunta. O que está impulsionando os fatores determinantes? O que está ajustando os fluxos de entrada e os de saída? Trata-se de uma pergunta sobre os limites do sistema. E exige uma análise profunda dos fatores determinantes, de modo a verificar se são independentes ou incorporados ao sistema.

A utilidade do modelo não depende do realismo dos cenários (já que ninguém pode saber ao certo), mas se o padrão de comportamento é realista.

Existe algo no tamanho da população que possa retroagir para influenciar a natalidade ou a mortalidade? Outros fatores – como a economia, o meio ambiente, as tendências sociais – influenciam a natalidade e a mortalidade? O tamanho da população afeta esses fatores econômicos, ambientais e sociais?

A resposta para todas essas perguntas, claro, é sim. A natalidade e a mortalidade são governadas por ciclos de feedback. E pelo menos alguns desses ciclos são afetados pelo tamanho da população. O fator populacional constitui apenas uma peça de um sistema muito maior.[3]

Uma parte importante do sistema maior que afeta a população é a economia. No coração da economia existe um ciclo de reforço somado a um ciclo de equilíbrio – o mesmo tipo de estrutura apresentado pela população, e com os mesmos tipos de comportamento (ver figura 27).

Quanto maior o estoque de capital físico (máquinas e fábricas) na economia e quanto maior a eficiência da produção (por unidade de capital), mais bens e serviços podem ser produzidos a cada ano.

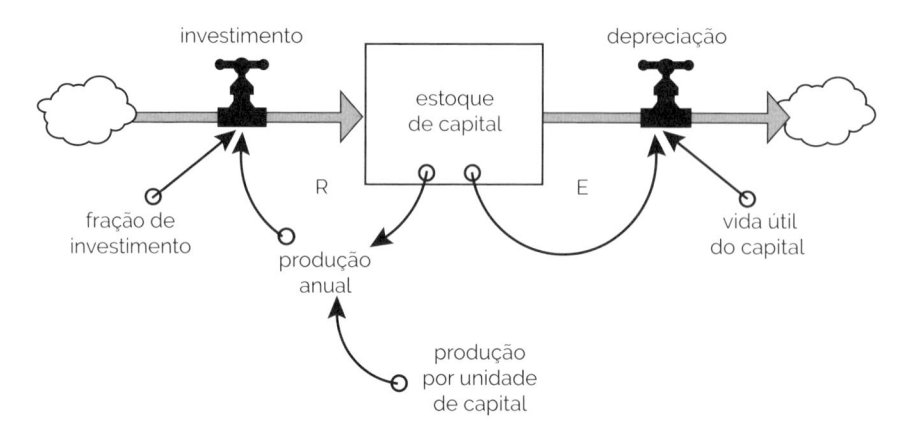

Figura 27. Assim como uma população viva, o capital econômico tem um ciclo de reforço (investimento do produto) que governa o crescimento e um ciclo de equilíbrio (depreciação) que governa o declínio.

Quanto maior a produção, mais capital pode ser investido para aumentar o capital. Esse é um ciclo de reforço, como é o ciclo de nascimentos para uma população. A fração de investimento é equivalente à natalidade. Quanto maior a fração de sua produção que uma sociedade investe, mais rápido o estoque de capital crescerá.

O capital físico é drenado pela depreciação – obsolescência e desgaste. O ciclo de equilíbrio que controla a depreciação é equivalente ao ciclo de morte em uma população. A "mortalidade" do capital é determinada pela vida média do capital. Quanto maior o tempo de vida, menor a fração de capital que deve ser aposentada e substituída a cada ano.

Se esse sistema tem a mesma estrutura do sistema populacional, deve ter o mesmo repertório de comportamentos. Ao longo da história recente, o ciclo de reforço tem predominado no capital mundial, assim como na população mundial, e esse capital vem crescendo exponencialmente. Se no futuro crescerá, permanecerá constante ou morrerá, isso dependerá se o ciclo de reforço de crescimento permanecerá mais forte que o ciclo de depreciação de equilíbrio. Isso depende da:

- fração de investimento – a produção que a sociedade investe em vez de consumir;
- eficiência do capital – quanto capital é necessário para atingir determinado nível de produção;
- vida útil média do capital.

Se uma fração constante da produção é reinvestida no estoque de capital e a eficiência desse capital (a capacidade de produção) é constante, o estoque de capital pode diminuir, permanecer constante ou crescer, dependendo da vida útil do capital. As linhas na figura 28 mostram sistemas com diferentes vidas médias do capital. Com uma vida útil relativamente curta, o capital se desgasta mais rápido do que é substituído. O reinvestimento não acompanha a depreciação e a economia declina de modo lento. Quando a depreciação apenas compensa o investimento, a economia fica em equilíbrio dinâmico. Com uma vida longa, o estoque de capital cresce exponencialmente. Quanto maior a vida útil, mais rápido cresce o capital.

Esse é outro exemplo de um princípio que já encontramos: é possível aumentar um estoque tanto aumentando a taxa de entrada quanto diminuindo a taxa de saída.

Assim como muitos fatores influenciam a natalidade e a mortalidade de uma população, muitos fatores influenciam a taxa de produção, a fração de investimento e a vida útil do capital – taxas de juros, tecnologia, política tributária, hábitos de consumo e preços, para citar apenas alguns. A própria população influencia o investimento, contribuindo com mão de obra para a produção e aumentando as demandas de consumo, diminuindo assim a fração de investimento. A produção econômica também influencia a população de várias maneiras. Uma economia mais rica tem um sistema de saúde melhor e uma taxa de mortalidade menor. Uma economia mais rica costuma ter uma taxa de natalidade mais baixa.

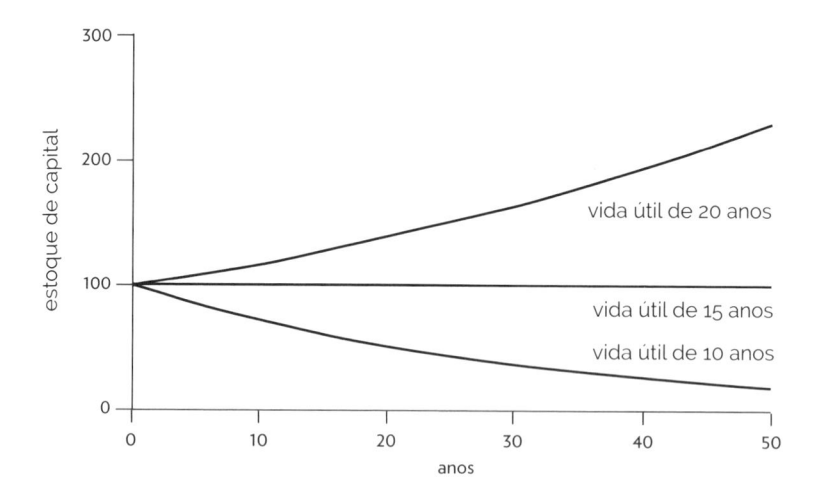

Figura 28. Crescimento do estoque de capital com mudanças na vida útil. Num sistema de produção por unidade de capital com uma razão de 1:3 e uma fração de investimento de 20%, o capital com vida útil de 15 anos apenas acompanha a depreciação. Uma vida útil mais curta leva a um estoque de capital em declínio.

Praticamente qualquer modelo de economia real de longo prazo deve ligar as estruturas de população e de capital para demonstrar como cada uma afeta a outra. A questão central do desenvolvimento econômico é como evitar que o ciclo de reforço da acumulação de capital cresça de maneira mais lenta que o ciclo de reforço do crescimento populacional – de modo que as pessoas se tornem mais ricas em vez de mais pobres.[4]

Pode parecer estranho que eu inclua o sistema do capital na categoria "animal do zoológico", tal como fiz com o sistema populacional. Um sistema de produção com fábricas, remessas e fluxos econômicos não se parece muito com um sistema populacional, com bebês nascendo, crescendo, envelhecendo e depois mais bebês nascendo e morrendo. Mas do ponto de vista sistêmico, esses sistemas, tão diferentes sob muitos aspectos, têm um fator importante em comum: as estruturas de ciclos de feedback. Ambos contam com um estoque governado por um ciclo de reforço de crescimento e um ciclo de equilíbrio de morte. Ambos sofrem um processo de envelhecimento. As siderúrgicas, os tornos e as turbinas envelhecem e morrem, assim como as pessoas.

Um aspecto fundamental da teoria dos sistemas, tão fundamental quanto o fato de que os sistemas determinam em grande parte o próprio comportamento, é que sistemas com estruturas de feedback semelhantes produzem comportamentos dinâmicos semelhantes. Mesmo que a aparência externa desses sistemas seja bem diferente.

Sistemas com estruturas de feedback semelhantes produzem comportamentos dinâmicos semelhantes.

Uma população não se parece em nada com uma economia industrial, exceto pelo fato de que ambas podem se reproduzir a partir de si mesmas e, assim, crescer exponencialmente. Além disso, ambas envelhecem e morrem. O resfriamento de uma xícara de café é como o resfriamento de um quarto aquecido, como uma substância radioativa se decompondo e como uma população ou economia industrial envelhecendo e morrendo. Todos declinam em função de um ciclo de feedback de equilíbrio.

Sistema com atraso – inventário de negócios

Imagine um inventário de estoque numa loja – uma concessionária de automóveis, por exemplo – com uma entrada para as entregas das fábricas e uma saída para as vendas de carros novos. Até aí, esse estoque de carros na concessionária se comportaria como água em uma banheira.

Agora imagine um sistema de feedback regulatório projetado para manter o estoque em nível alto o suficiente para que possa sempre cobrir 10 dias de vendas (ver figura 29). O revendedor de automóveis precisa manter algum estoque, pois as entregas e as compras não se equiparam todos os dias. Os clientes fazem compras imprevisíveis. O revendedor precisa de algum estoque extra (um *buffer*) para se precaver de atrasos nas entregas dos fornecedores.

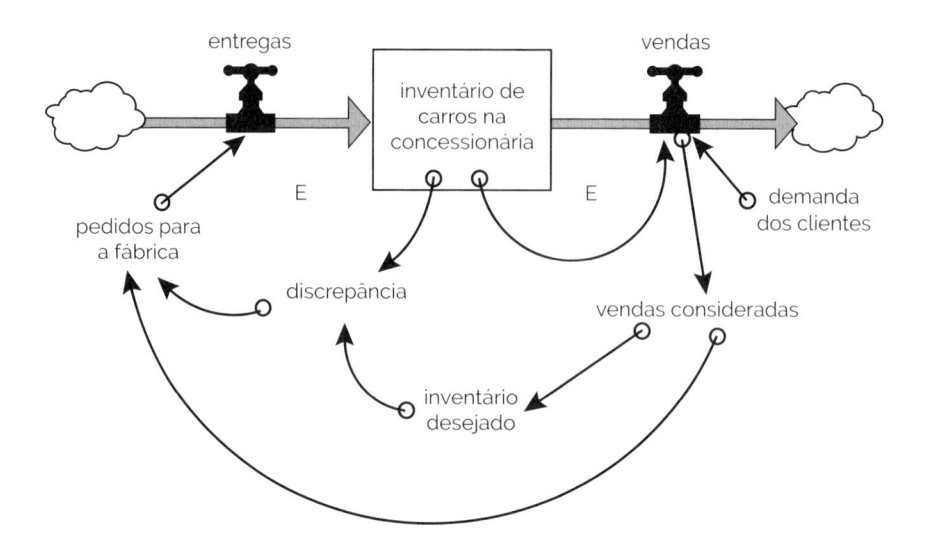

Figura 29. O inventário em uma concessionária de automóveis é mantido estável por dois ciclos de equilíbrio concorrentes, um de vendas e outro de entregas.

O revendedor monitora as vendas (vendas consideradas) e, se por acaso estiverem aumentando, ele ajusta os pedidos feitos à fábrica de modo a levar o estoque até o nível desejado, com cobertura de 10 dias na taxa de vendas mais alta. Assim, vendas mais altas são sinônimo de vendas consideradas mais altas, o que significa uma discrepância maior entre estoque e estoque desejado. Isso quer dizer também pedidos maiores, que acarretarão mais entregas, elevando o inventário para que a empresa possa suprir de modo confortável a maior taxa de vendas.

É uma versão do sistema do termostato – um ciclo de equilíbrio de vendas drenando o inventário de estoque e um circuito de equilíbrio concorrente reabastecendo o que é perdido nas vendas e mantendo o inventário. A figura 30 ilustra o resultado, não muito surpreendente, de um aumento de 10% na demanda dos clientes.

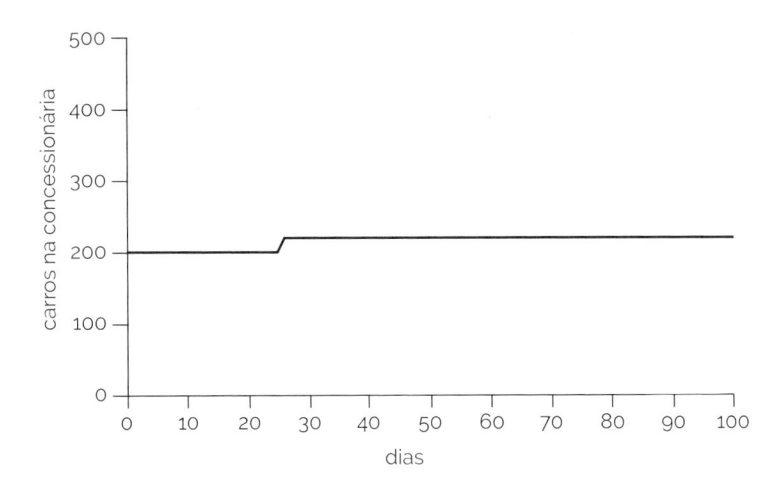

Figura 30. Inventário na concessionária com um aumento permanente de 10% na demanda dos clientes a partir do dia 25.

Na figura 31, introduzo algo mais nesse modelo simples – três atrasos que são típicos do mundo real.

No primeiro exemplo, há um atraso na percepção, intencional neste caso. O revendedor de automóveis não reage a eventuais oscilações nas vendas. Antes de tomar decisões sobre pedidos, ele calcula a média das vendas nos últimos cinco dias para separar tendências reais de quedas e picos temporários.

No segundo, há um atraso na resposta. Mesmo quando está claro que os pedidos precisam ser ajustados, ele não tenta fazer todo o ajuste em um único pedido. Em vez disso, compensa um terço do déficit em cada pedido.

Outra forma de dizer isso é que ele faz ajustes parciais ao longo de três dias para ter certeza de que a tendência é real.

No terceiro, há um atraso na entrega. A fábrica leva cinco dias para receber um pedido, processá-lo e entregá-lo à concessionária.

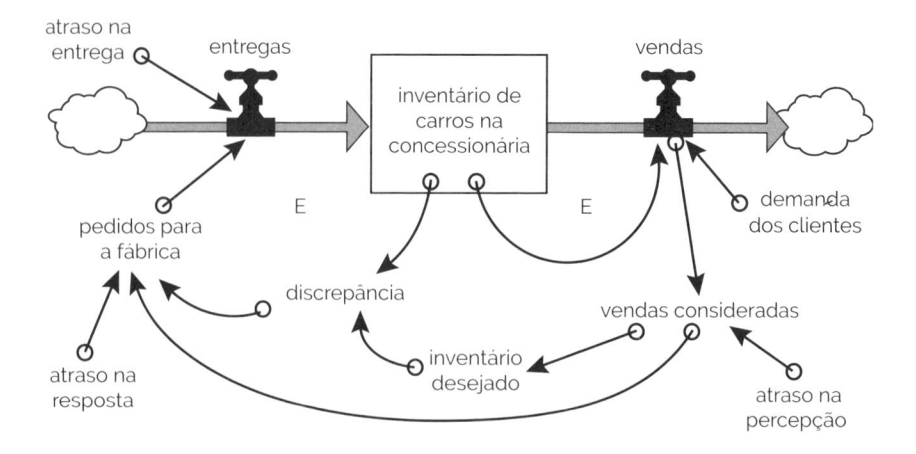

Figura 31. Inventário em uma concessionária de automóveis com três atrasos comuns, agora incluídos na imagem: atraso na percepção, atraso na resposta e atraso na entrega.

Embora seja composto por apenas dois ciclos de equilíbrio, como o sistema simplificado do termostato, este sistema não se comporta do mesmo modo. Veja o que acontece, por exemplo, quando ocorre o mesmo salto permanente de 10% nas vendas da empresa por conta de um aumento na demanda dos clientes – como mostra a figura 32.

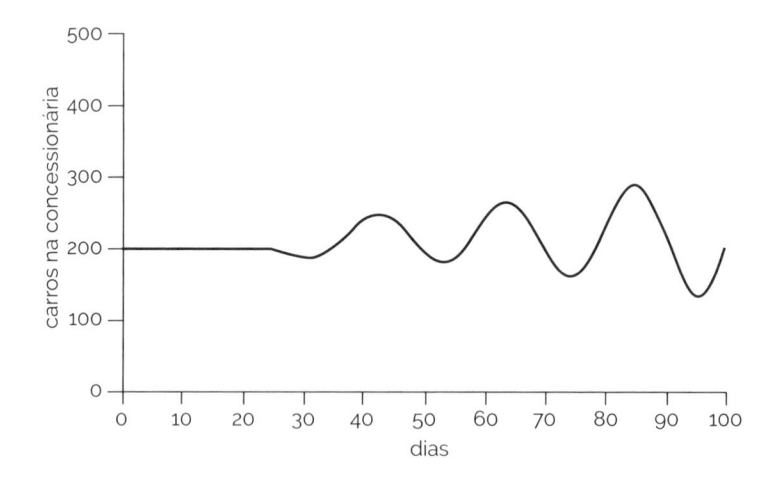

Figura 32. Resposta do estoque a um aumento de 10% nas vendas quando há atrasos no sistema.

Oscilações! Um único aumento nas vendas reduz o estoque. O revendedor de automóveis observa a mudança em tempo suficiente para se certificar de que a taxa mais alta de vendas vai perdurar. Então começa a encomendar mais veículos para aumentar o estoque e cobrir o acréscimo nas vendas. Mas leva tempo para os pedidos chegarem. Durante esse tempo, o estoque cai ainda mais. Assim, os pedidos têm que ser um pouco maiores, de forma a fazer com que o inventário volte a cobrir 10 dias.

Por fim, os pedidos começam a chegar em maior volume e o estoque se recupera – e mais do que se recupera, pois durante o período de incertezas a respeito da tendência real o revendedor fez mais pedidos. Ao perceber seu erro, ele reduz as encomendas, mas ainda há pedidos anteriores chegando, então ele pede ainda menos. Como não sabe ao certo o que vai acontecer a seguir, ele pede muito pouco; o estoque volta a ficar muito baixo. E assim por diante, com uma série de oscilações em torno do novo nível de estoque desejado. A figura 33 ilustra como alguns atrasos influenciam o sistema.

*Um atraso em um ciclo de feedback de equilíbrio
provoca uma oscilação no sistema.*

Veremos em breve que existem formas de suavizar essas oscilações no estoque. Mas é importante entender primeiro que elas não ocorreram porque o revendedor foi incompetente, e sim porque está lutando para operar num sistema em que não tem e não pode ter informações oportunas, e em que atrasos físicos impedem que suas ações tenham efeito imediato no estoque. Ele não sabe o que seus clientes farão em seguida. Quando fazem algo, ele não sabe se vão continuar fazendo a mesma coisa. Quando emite um pedido, não tem uma resposta imediata. Essa situação de insuficiência de informações e atrasos físicos é muito comum. Oscilações como essas são frequentemente encontradas em inventários e muitos outros sistemas. Tente tomar banho onde haja um cano muito longo entre o misturador de água quente e fria e o chuveiro, e você experimentará as alegrias das oscilações quentes e frias por conta de um longo atraso na resposta.

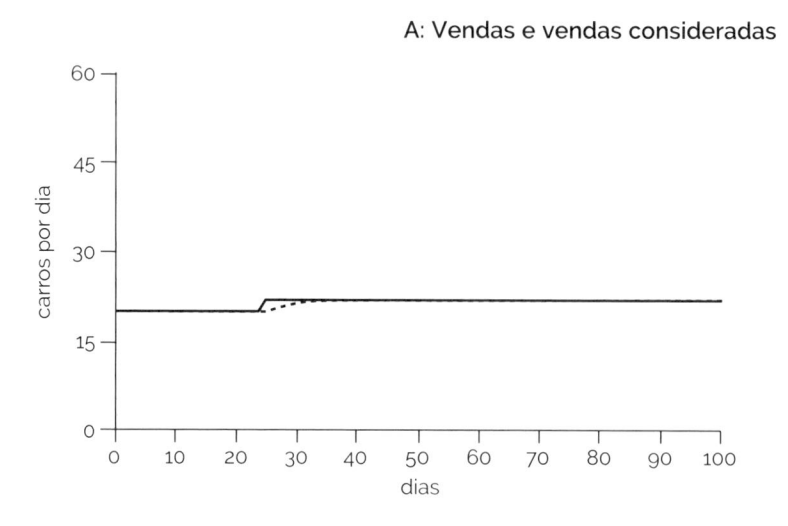

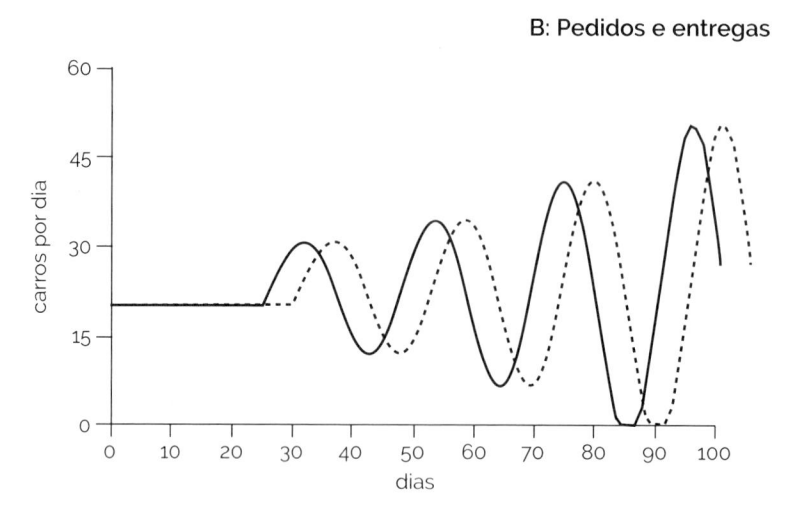

Figura 33. Resposta de pedidos e entregas a um aumento da procura. A mostra o pequeno mas acentuado aumento das vendas no dia 25 e as vendas "consideradas" pelo revendedor, com as quais ele calcula a média de mudança ao longo de três dias. B mostra o padrão de pedidos resultante, rastreado pelas entregas efetivas da fábrica.

Quanto tempo de atraso causa um tipo de oscilação e sob quais circunstâncias não é uma questão simples. Eu posso usar este sistema de inventário para explicar por quê.

"Essas oscilações são intoleráveis", diz o revendedor da concessionária (que constitui, ele mesmo, um sistema de aprendizado determinado a mudar o comportamento do sistema de inventário). "Vou diminuir os atrasos. Não há muito que eu possa fazer a respeito do atraso na entrega da fábrica, portanto vou reagir mais rápido. Vou utilizar a média das vendas de apenas dois dias, em vez de cinco, antes de fazer ajustes no pedido."

A figura 34 ilustra o que acontece quando o atraso na percepção do revendedor é reduzido de cinco para dois dias.

Não acontece muita coisa quando o revendedor de automóveis diminui o tempo de percepção do atraso. As oscilações no inventário de carros se mostram um pouco piores, nada mais. Mas se, em vez de reduzir o tempo de percepção, o revendedor tentar diminuir o tempo de reação – compensando as falhas percebidas em dois dias em vez de três –, a situação se torna muito pior, como mostra a figura 35.

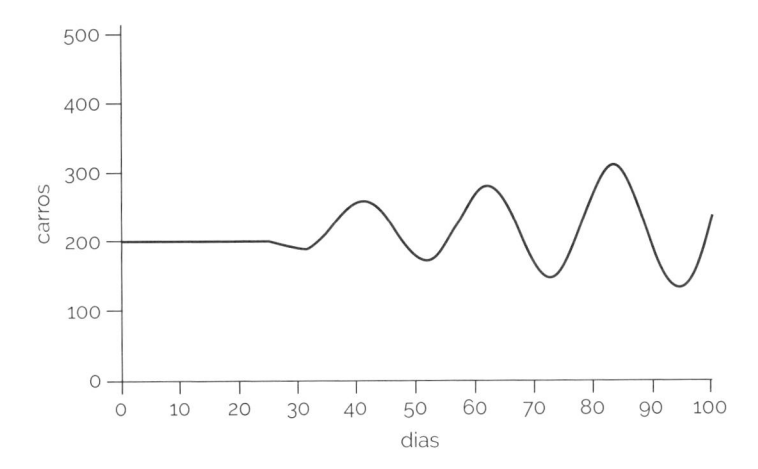

Figura 34. Resposta do estoque ao aumento na demanda com um atraso de percepção reduzido.

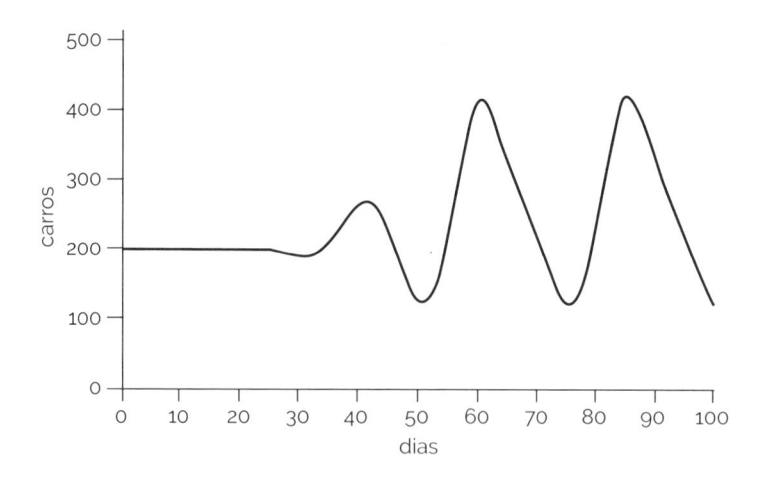

Figura 35. Resposta do estoque ao aumento na demanda com um tempo de reação reduzido. Agir mais rápido piora as oscilações.

Algo precisa mudar, e, como esse sistema tem uma pessoa que aprende com ele, alguma coisa *vai* mudar. "Alta alavancagem, direção errada", diz a si mesmo o revendedor de carros com pensamento sistêmico enquanto contempla o fracasso de uma política cujo intuito era estabilizar as oscilações. Esse tipo de resultado distorcido pode ser visto o tempo todo – alguém tentando consertar um sistema é atraído intuitivamente por um método de alavancagem que, de fato, tem um forte efeito sobre o sistema. Mas eis que, de repente, o reparador bem-intencionado puxa a alavanca na direção errada. Este é apenas um exemplo de como podemos nos surpreender com o comportamento contraintuitivo dos sistemas quando tentamos mudá-los.

> *Atrasos são comuns nos sistemas, além de fortes determinantes do comportamento. Alterar a duração de um atraso pode (ou não, dependendo do tipo de atraso e da duração relativa de outros atrasos) operar uma grande mudança no comportamento de um sistema.*

Parte do problema aqui é que o revendedor agiu muito rápido. Considerando a configuração do sistema, ele exagerou. As coisas teriam sido melhores se, em vez de reduzir o atraso na resposta de três dias para dois, ele aumentasse esse atraso de três para seis dias, conforme ilustrado na figura 36.

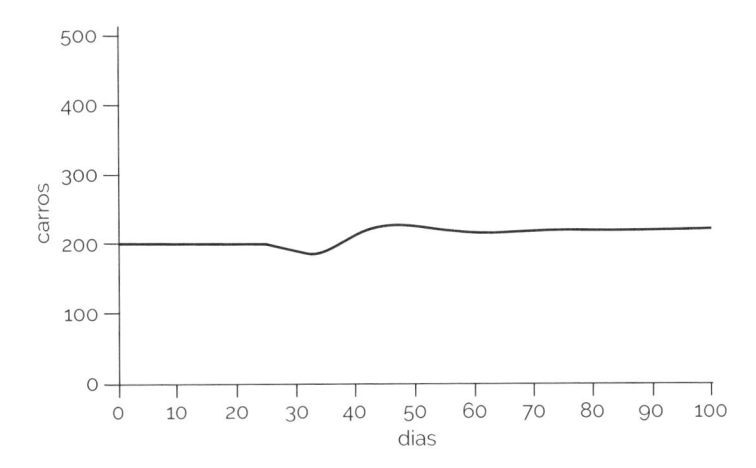

Figura 36. Resposta do inventário ao aumento da demanda com um tempo de reação mais lento.

Como ilustra a figura 36, as oscilações são bastante suavizadas com essa mudança e o sistema encontra um novo equilíbrio.

O atraso mais importante no sistema é aquele que não está sob controle direto do revendedor, mas no atraso da entrega da fábrica. Mesmo sem poder alterar essa parte do sistema, no entanto, o revendedor pode aprender a gerenciar bem o estoque.

Alterar os atrasos em um sistema pode torná-lo muito mais fácil ou muito mais difícil de gerenciar. Eis por que os pensadores sistêmicos são um tanto obsessivos com atrasos. Estamos sempre alertas para ver onde ocorrem atrasos nos sistemas e quanto tempo duram, sejam atrasos nos fluxos de informações ou nos processos físicos. Sem isso não podemos nem começar a entender o comportamento dinâmico dos sistemas. E alguns atrasos podem constituir poderosas alavancas sistêmicas. Alongá-los ou encurtá-los tende a produzir grandes mudanças no comportamento dos sistemas.

No quadro geral, o problema de inventário em uma loja pode parecer trivial e corrigível, mas imagine que o inventário seja o de todos os automóveis não vendidos nos Estados Unidos. Pedidos maiores ou menores afetam a produção, não só de montadoras e fábricas de peças como também de siderúrgicas, fábricas de vidro, produtores de borracha, produtores têxteis e produtores de energia. Em todas as partes do sistema existem atrasos de percepção, atrasos na produção, atrasos na entrega e atrasos na construção. Considere agora a relação entre a produção de automóveis e a oferta de empregos – o aumento da produção aumenta o número de empregos, permitindo que mais pessoas comprem carros. Trata-se de um ciclo de reforço, que também funciona na direção oposta: produção menor, menos vendas de carros, menos empregos, produção ainda menor. Agora pense em outro ciclo de reforço: os especuladores compram e vendem ações das empresas automobilísticas com base em seu desempenho recente, de modo que um aumento na produção produz um aumento no preço das ações e vice-versa.

Um enorme sistema, com indústrias interconectadas respondendo umas às outras por meio de atrasos, arrastando umas às outras em suas oscilações e sendo amplificadas por especuladores, é a causa primária de muitos ciclos de negócios. Esses ciclos não partem dos CEOs, embora os executivos possam fazer muito para intensificar o otimismo das altas e aliviar a tristeza das recessões. As economias são sistemas bem complexos; estão cheias de ciclos de feedback de equilíbrio com atrasos e são inerentemente oscilatórias.[5]

Sistemas de dois estoques

Estoque renovável restringido por estoque não renovável: uma economia petrolífera

Os sistemas que mostrei até agora estão livres de restrições impostas pelo ambiente. O estoque de capital do modelo de economia industrial não exigia matérias-primas para produzir, a população não precisava de comida, o sistema de aquecimento nunca ficou sem combustível. Esses modelos simples de sistemas foram capazes de operar de acordo com uma dinâmica interna irrestrita, para que pudéssemos perceber quais são essas dinâmicas.

Mas qualquer entidade física real está sempre operando trocas com o ambiente. Uma corporação precisa de um fornecimento constante de energia, assim como de materiais, trabalhadores, gerentes e clientes. Uma lavoura de milho em crescimento precisa de água, nutrientes e proteção contra pragas. Uma população precisa de comida, água e espaço vital, e se for uma população humana, precisa de empregos, educação, serviços de saúde e uma infinidade de outras coisas. Qualquer entidade que utilize energia e materiais de processamento precisa de um local para depositar resíduos e de um processo para transportá-los.

Portanto, qualquer sistema físico em crescimento vai deparar com algum tipo de restrição mais cedo ou mais tarde. Essa restrição tomará a forma de um ciclo de equilíbrio, que, de alguma forma, altera o predomínio do ciclo de reforço que impulsiona o comportamento de crescimento, seja fortalecendo o fluxo de saída ou enfraquecendo o fluxo de entrada.

Crescimento em um ambiente restrito é muito comum, tão comum que os pensadores sistêmicos o chamam de arquétipo dos "limites para o crescimento". (Vamos explorar mais arquétipos – estruturas sistêmicas que produzem padrões familiares de comportamento – no Capítulo 5.) Sempre que observamos alguma coisa em crescimento, seja uma população, uma empresa, uma conta bancária, um boato, uma epidemia ou vendas de um novo produto, procuramos os ciclos de reforço que a estão conduzindo e os ciclos de equilíbrio que, em última análise, vão restringi-la. Sabemos que esses ciclos de equilíbrio existem, mesmo que não estejam dominando o comportamento do sistema, pois nenhum sistema físico real pode crescer para sempre. Até mesmo um novo produto em alta acabará saturando o mercado. Uma reação em cadeia em uma usina nuclear ficará sem combustível. Um vírus ficará sem pessoas suscetíveis para infectar. Uma economia pode ser limitada por capital físico, capital monetário, mão de obra, mercados, gestão, recursos ou poluição.

> *Em sistemas físicos de crescimento exponencial,*
> *deve haver pelo menos um ciclo de reforço*
> *impulsionando o crescimento e pelo menos um*
> *ciclo de equilíbrio restringindo o crescimento,*
> *pois nenhum sistema físico pode crescer para*
> *sempre em um ambiente finito.*

Assim como os recursos que fornecem os fluxos de entrada para um estoque, uma restrição para poluição pode ser renovável ou não. É renovável se o ambiente não tiver capacidade para absorver o poluente ou torná-lo inofensivo. Não é renovável se o ambiente tiver uma capacidade finita, geralmente variável, de remoção. Tudo o que foi dito aqui sobre sistemas com restrição de recursos, portanto, se aplica com a mesma dinâmica, mas em direções de fluxo opostas, para sistemas com restrição de poluição.

Os limites de um sistema de crescimento podem ser temporários ou permanentes. O sistema pode encontrar formas de contorná-los por um tempo curto ou longo, mas em algum momento precisa haver algum tipo de acomodação, com o sistema se ajustando à restrição, ou a restrição ao sistema, ou ambos entre si. Nessa acomodação surgem algumas dinâmicas interessantes.

Se os ciclos de equilíbrio restritivos se originam de um recurso renovável ou não renovável faz alguma diferença no modo como o crescimento terminará.

Vejamos, para começar, um sistema que ganha dinheiro extraindo um recurso não renovável: uma empresa petrolífera que acabou de descobrir um enorme campo de petróleo (ver figura 37).

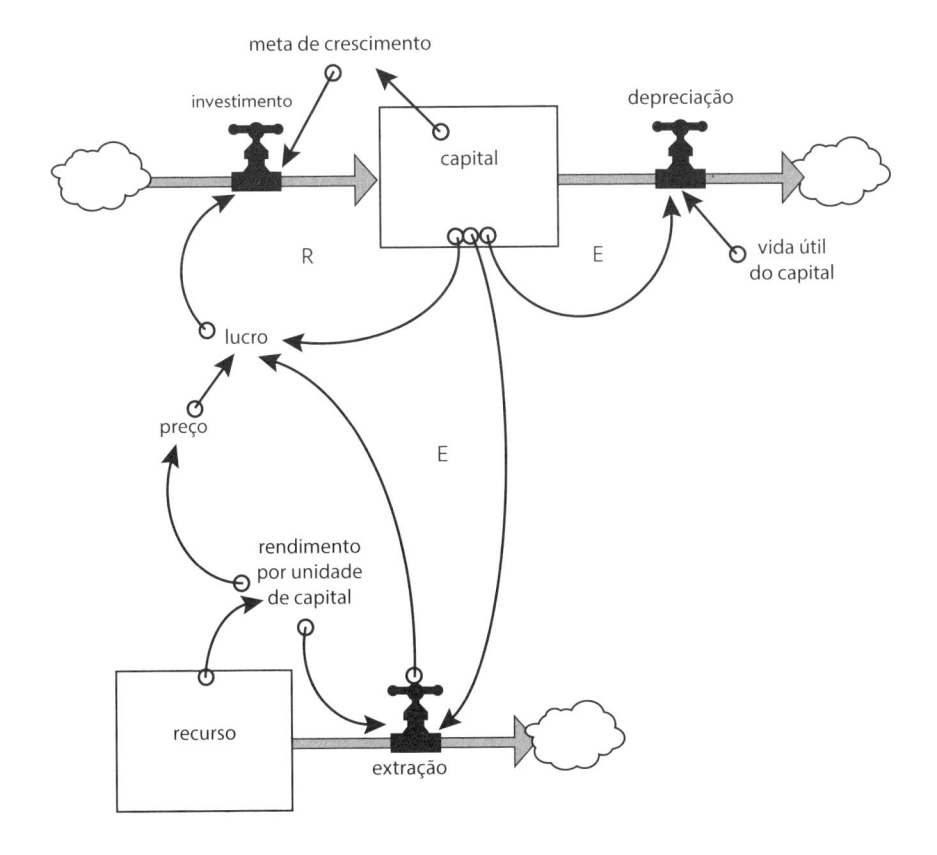

Figura 37. Capital econômico com o ciclo reforçador de crescimento limitado por um recurso não renovável.

O diagrama da figura 37 pode parecer complicado, mas não passa de um sistema de acumulação de capital como já vimos anteriormente, usando "lucro" em vez de "produto". A depreciação segue o ciclo de equilíbrio agora familiar: quanto mais estoque de capital, mais máquinas e refinarias se desgastam e se desintegram, reduzindo o estoque de capital. Neste exemplo, o estoque de capital dos equipamentos de perfuração e refino de petróleo se deprecia após uma vida útil de 20 anos – o que significa que ¹⁄₂₀ (ou 5%) do estoque é retirado de operação a cada ano. Ele se refaz mediante investimento dos lucros da extração de petróleo. Temos então um ciclo de reforço: mais capital permite maior extração de recursos, criando mais lucros, que podem ser reinvestidos. Presumi que a empresa tem uma meta de crescimento anual de 5% em seu capital de negócios. Caso não haja lucro suficiente para um crescimento de 5%, a empresa investe o lucro que puder.

O lucro é a receita menos o custo. A receita nesta representação simples é apenas o preço do petróleo vezes a quantidade de petróleo que a empresa extrai. O custo é igual ao capital vezes o custo operacional (energia, mão de obra, materiais, etc.) por unidade de capital. Por enquanto, farei as suposições simplificadoras de que tanto o preço quanto o custo operacional por unidade de capital são constantes.

O que não é considerado constante é o rendimento do recurso por unidade de capital. Como esse recurso não é renovável, como no caso do petróleo, o estoque que alimenta o fluxo de extração não tem insumo. À medida que o recurso é extraído – conforme um poço de petróleo se esgota –, o próximo barril de petróleo se torna mais difícil de obter. O recurso restante está mais abaixo, mais diluído ou, no caso do petróleo, sob menor pressão natural para forçá-lo à superfície. Medidas cada vez mais caras e tecnicamente mais sofisticadas são necessárias para manter o recurso disponível.

Aqui está um novo ciclo de feedback de equilíbrio que, em última análise, controlará o crescimento do capital: quanto mais capital, maior a taxa de extração. Quanto maior a taxa de extração, menor o estoque de recursos. Quanto menor o estoque de recursos, menor o rendimento do recurso por unidade de capital, portanto menor o lucro (com preço presumido constante) e menor a taxa de investimento e, consequentemente, menor a taxa de crescimento do capital. Eu poderia presumir que o esgotamento de recursos realimenta o custo operacional, assim como a eficiência do capital. No mundo real, ocorrem as duas coisas. Em ambas, o padrão de comportamento resultante é o mesmo – a clássica dinâmica do esgotamento (ver figura 38).

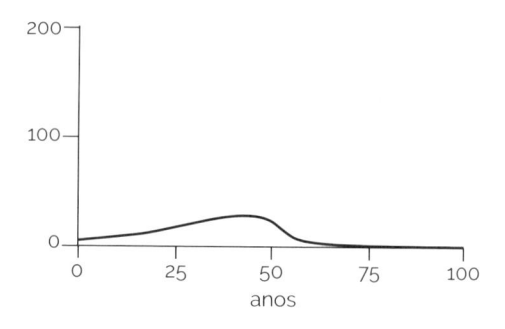

A: Taxa de extração

B: Estoque de capital

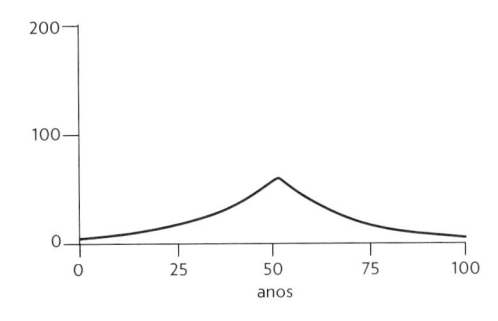

C: Estoque de recursos

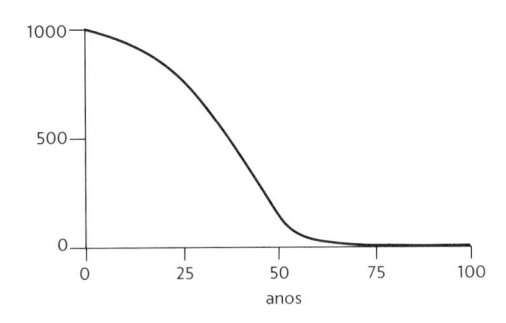

Figura 38. A extração (A) cria lucros que permitem o crescimento do capital (B) enquanto esgota o recurso não renovável (C). Quanto maior a acumulação de capital, mais rápido o recurso se esgota.

O sistema começa com petróleo no depósito subterrâneo, o suficiente para abastecer a escala inicial de operação por 200 anos. Mas a extração real atinge o pico em cerca de 40 anos por conta do surpreendente efeito do crescimento exponencial na extração. A uma taxa de investimento de 10% ao ano, o estoque de capital e, portanto, a taxa de extração crescem a 5% ao ano e dobram nos primeiros 14 anos. Após 28 anos, enquanto o estoque de capital quadruplicou, a extração começa a ficar para trás por causa da queda do rendimento por unidade de capital. Cinquenta anos depois, o custo de manutenção do estoque de capital superou a receita da extração de recursos, de modo que os lucros não são mais suficientes para manter o investimento à frente da depreciação. Com o estoque de capital diminuindo, a operação é encerrada. O último e mais caro recurso permanece no solo; não vale a pena retirá-lo.

Uma quantidade que cresce exponencialmente em direção a uma restrição ou a um limite atinge o limite em tempo bastante curto.

O que acontece se o recurso original for duas vezes maior do que se pensava – ou quatro vezes maior? Isso, claro, faz uma enorme diferença na quantidade total de petróleo que pode ser extraída desse campo. Mas com a meta contínua de 10% ao ano de reinvestimento produzindo 5% ao ano de crescimento de capital, cada duplicação do recurso produz uma diferença de apenas 14 anos, aproximadamente, no pico da taxa de extração e durante a vida útil de quaisquer empregos ou comunidades dependentes da indústria extrativa (ver figura 39).

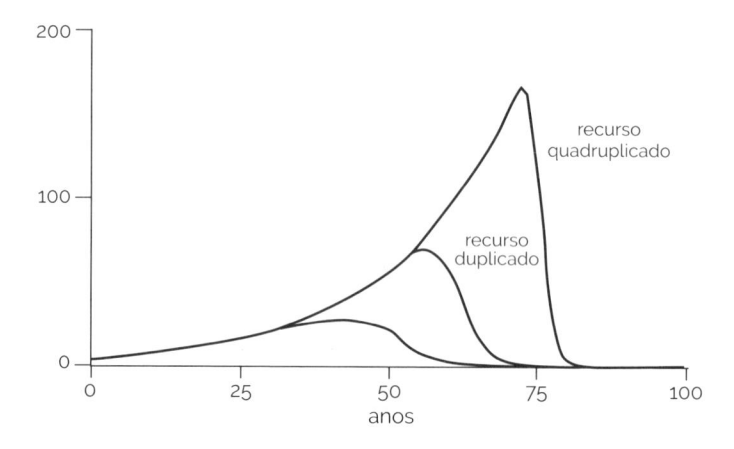

Figura 39. Extração com um recurso duas ou quatro vezes maior. Cada duplicação do recurso faz uma diferença de apenas 14 anos no pico da extração.

Quanto mais alto e mais rápido você cresce, mais longe e mais rápido você cai quando está acumulando um estoque de capital dependente de um recurso não renovável. Diante do crescimento exponencial da extração ou do uso, duplicar ou quadruplicar o recurso não renovável oferece pouco tempo adicional para desenvolver alternativas.

Caso sua preocupação seja extrair o recurso e ganhar dinheiro na maior taxa possível, o tamanho final do recurso é o número mais importante neste sistema. Mas se, digamos, você trabalha numa mina ou em um campo de petróleo e sua preocupação for com a vida útil de seu emprego, bem como o bem-estar de sua comunidade, existem dois números importantes: o tamanho do recurso e a taxa desejada de crescimento de capital (eis um bom exemplo da importância de um ciclo de feedback para o comportamento de um sistema). As opções reais no gerenciamento de um recurso não renovável são ficar rico muito rápido ou ficar menos rico mas permanecer assim por mais tempo.

O gráfico da figura 40 mostra o desenvolvimento da taxa de extração ao longo do tempo, com as taxas de crescimento acima da depreciação variando de 1% ao ano a 3%, 5% e 7%. Com uma taxa de crescimento de 7%, a extração desse "fornecimento de 200 anos" atingirá o pico em 40 anos. Imagine os efeitos dessa escolha não apenas nos lucros da empresa, mas nos ambientes sociais e naturais da região.

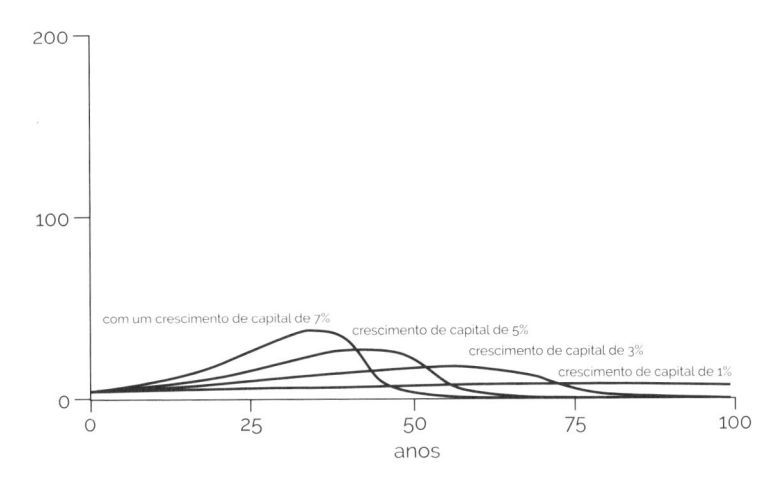

Figura 40. O pico da extração chega muito mais rapidamente à medida que aumenta a fração dos lucros reinvestidos.

Anteriormente eu disse que faria a suposição simplificadora de que o preço era constante. Mas e se isso não for verdade? Suponha que, no curto prazo, o recurso seja tão vital para os consumidores que um preço mais alto não diminua a demanda. Nesse caso, o recurso se torna escasso e o preço sobe de modo acentuado, conforme mostrado na figura 41.

A: Taxa de extração

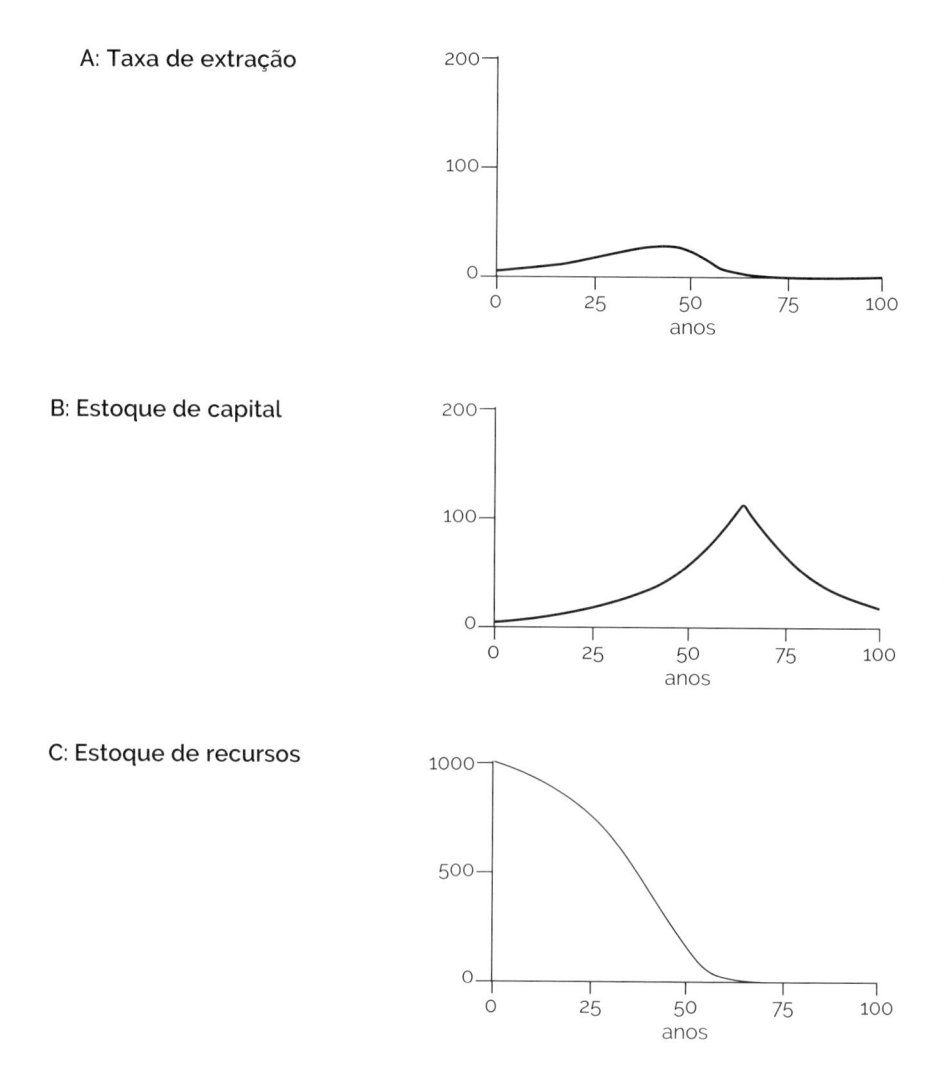

B: Estoque de capital

C: Estoque de recursos

Figura 41. À medida que o preço sobe, com o aumento da escassez, há mais lucros para serem reinvestidos, e o estoque de capital pode aumentar (B), impulsionando a extração por mais tempo (A). O resultado é que, no final, o recurso (C) se esgota ainda mais rapidamente.

Com o preço mais alto, a indústria obtém mais lucros. Assim, o investimento aumenta, junto com o estoque de capital, e os recursos restantes, mais caros, podem ser extraídos. Se você comparar a figura 41 com a 38, em que o preço foi mantido constante, verá que o principal efeito do aumento no preço é fazer crescer o estoque de capital antes que entre em colapso.

O mesmo comportamento ocorre – ainda que os preços não subam – quando a tecnologia reduz os custos operacionais, como já aconteceu, com o advento de técnicas avançadas de recuperação de poços de petróleo, com o processo de beneficiamento para extrair minério de ferro de minas quase esgotadas, e com o processo de lixiviação com cianeto, que permite extrair, com lucros, refugos de minas de ouro e de prata.

Todos sabemos que jazidas de minérios, depósitos de combustíveis fósseis e aquíferos subterrâneos podem ser esgotados. Existem, no mundo inteiro, cidades fantasmas que antes dependiam de minas e de campos petrolíferos. São um testemunho do comportamento que analisamos aqui. As empresas que exploram recursos naturais entendem essa dinâmica. Bem antes que o esgotamento torne o capital menos eficiente em algum lugar, essas empresas transferem os investimentos para a descoberta e a exploração de outro recurso natural em um lugar diferente. Mas, se há limites locais, haverá limites globais?

Vou deixar que você discuta mentalmente esse assunto, ou com alguém que tenha opinião oposta. Destacarei apenas que, de acordo com a dinâmica do esgotamento, quanto maior o estoque de recursos iniciais e novas descobertas, mais os ciclos de crescimento escapam aos ciclos de controle; e quanto mais crescem o estoque de capital e a taxa de extração, mais rápida e duradoura será a queda econômica – em um reverso do pico de produção.

A não ser, talvez, que a economia aprenda a operar a partir de recursos renováveis.

Estoque renovável restringido por um estoque não renovável – uma economia pesqueira

Vamos abordar o mesmo sistema de capital que descrevemos antes, exceto que agora haverá uma entrada para o estoque de recursos que o torna renovável. O recurso renovável neste sistema é o pescado e o estoque de capital pode ser a frota pesqueira. Também poderiam ser árvores e serrarias ou pastagens e vacas. Recursos renováveis vivos, como peixes, árvores ou grama, podem se regenerar a partir de si mesmos com um ciclo de feedback de reforço. Recursos renováveis não vivos, como a luz do sol, o vento ou a água de um rio, não são regenerados por um ciclo de reforço, mas uma entrada constante que reabastece o estoque de recursos, independentemente do estado atual do estoque. Essa mesma estrutura de "sistema de recursos renováveis" ocorre em uma epidemia de resfriado, em que o vírus poupa as vítimas, que podem pegar outro resfriado. A venda de um produto que as pessoas precisam comprar com regularidade também é um sistema de recursos renováveis; o estoque de clientes em potencial é sempre renovado. No mesmo caso está uma infestação de insetos que destrói uma parte mas não toda a planta; ela pode se regenerar e o inseto pode comer mais. Em todos esses casos, há uma entrada que continua reabastecendo o estoque de recursos limitador (conforme mostrado na figura 42).

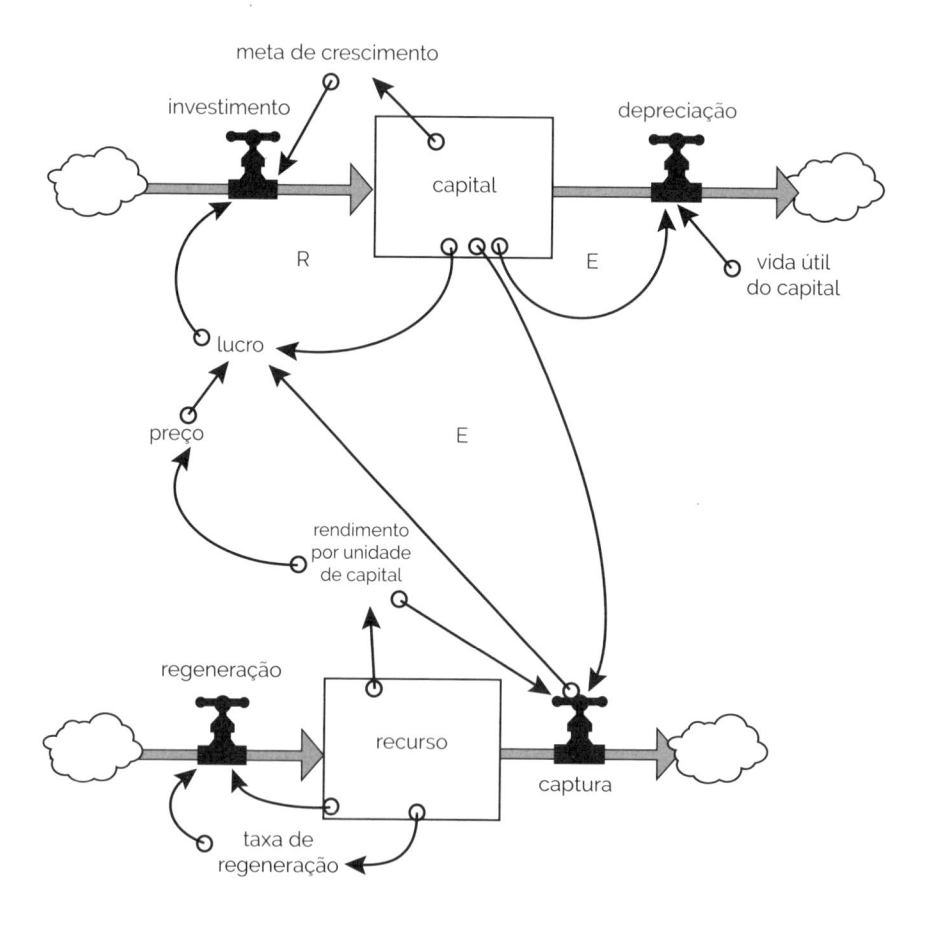

Figura 42. Capital econômico com o ciclo de reforço de crescimento limitado por um recurso renovável.

Usaremos o exemplo de uma indústria pesqueira. Uma vez mais, vamos supor que a vida útil do capital seja de 20 anos e que a indústria crescerá, se possível, 5% ao ano. Tal como acontece com um recurso não renovável, vamos supor que, à medida que o recurso se torna escasso, pescá-lo fique mais caro, em termos de capital. Barcos de pesca que podem percorrer distâncias maiores, equipados com sonar, tornam-se necessários para encontrar os últimos cardumes. Ou redes de deriva com quilômetros de extensão. Ou sistemas de refrigeração a bordo para levá-los a um porto longínquo. Tudo isso exige mais capital.

A taxa de regeneração dos peixes não é constante, depende do número de peixes na área – o que significa densidade. Se houver muitos deles, a taxa de reprodução será próxima a zero, limitada pela comida e pelo habitat disponíveis. Se a população cair um pouco, pode se regenerar cada vez mais rápido, pois tende a aproveitar nutrientes não utilizados ou espaços no ecossistema. Mas em algum momento a taxa de reprodução atingirá o nível máximo. Nesse caso, os peixes não se reproduzirão cada vez mais rápido, mas cada vez mais lentamente. Isso ocorre porque não conseguem se encontrar ou porque outra espécie se muda para o seu nicho.

Esse modelo simplificado de economia pesqueira é afetado por três relações não lineares: preço (peixes mais escassos são mais caros); taxa de regeneração (cardumes exíguos não se reproduzem muito, tampouco cardumes apinhados); e rendimento por unidade de capital (eficiência da tecnologia e das práticas de pesca).

Esse sistema pode produzir muitos conjuntos com diferentes comportamentos. A figura 43 mostra um deles.

A: Taxa de captura

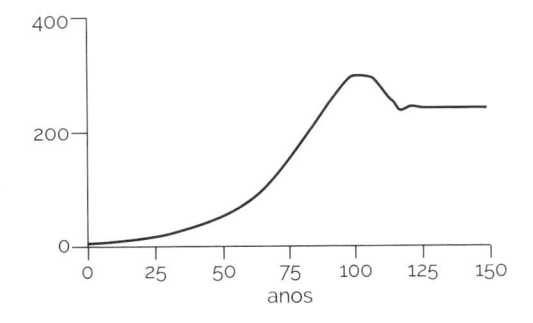

B: Estoque de capital

C: Estoque de recursos

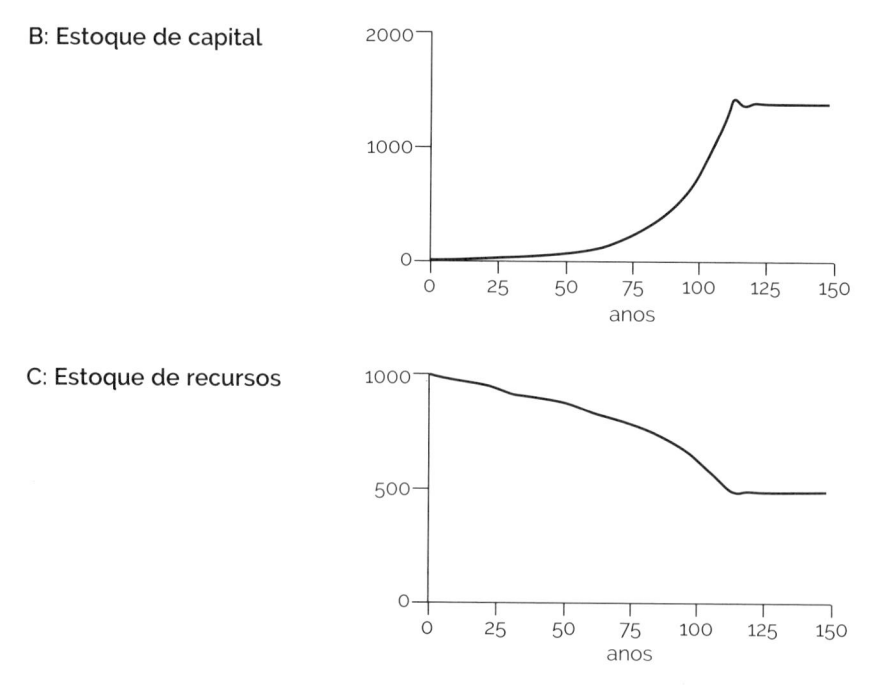

Figura 43. A captura anual (A) gera lucros que permitem o crescimento do estoque de capital (B), mas se estabiliza, neste caso, após um pequeno sobre-excesso. O resultado do nivelamento da captura é que o estoque de recursos (C) também se estabiliza.

Na figura 43, vemos o capital e a pesca aumentarem exponencialmente no início. A população de peixes (o estoque de recursos) diminui, mas isso estimula a taxa de reprodução desses animais. Durante décadas, os recursos podem continuar oferecendo uma taxa de captura exponencialmente crescente. Por fim, a captura aumenta demais e a população de peixes diminui o suficiente para reduzir a lucratividade da frota pesqueira. Reduzindo os lucros, o feedback de equilíbrio da redução da captura reduz a taxa de investimento com rapidez suficiente para equilibrar a frota pesqueira com os recursos pesqueiros. A frota não pode crescer para sempre, mas pode manter para sempre uma taxa de captura alta e constante.

No entanto, uma pequena mudança na força do ciclo de feedback de equilíbrio mediante o rendimento por unidade de capital pode fazer uma diferença surpreendente. Suponha que, na tentativa de aumentar a captura na pesca, a indústria lance mão de uma tecnologia para melhorar a eficiência dos barcos (usando um sonar, por exemplo, para encontrar os peixes mais escassos). À medida que a população de peixes diminui, a capacidade da frota de manter a captura por barco só se mantém por pouco tempo (ver figura 44).

A: Taxa de captura

B: Estoque de capital

C: Estoque de recursos

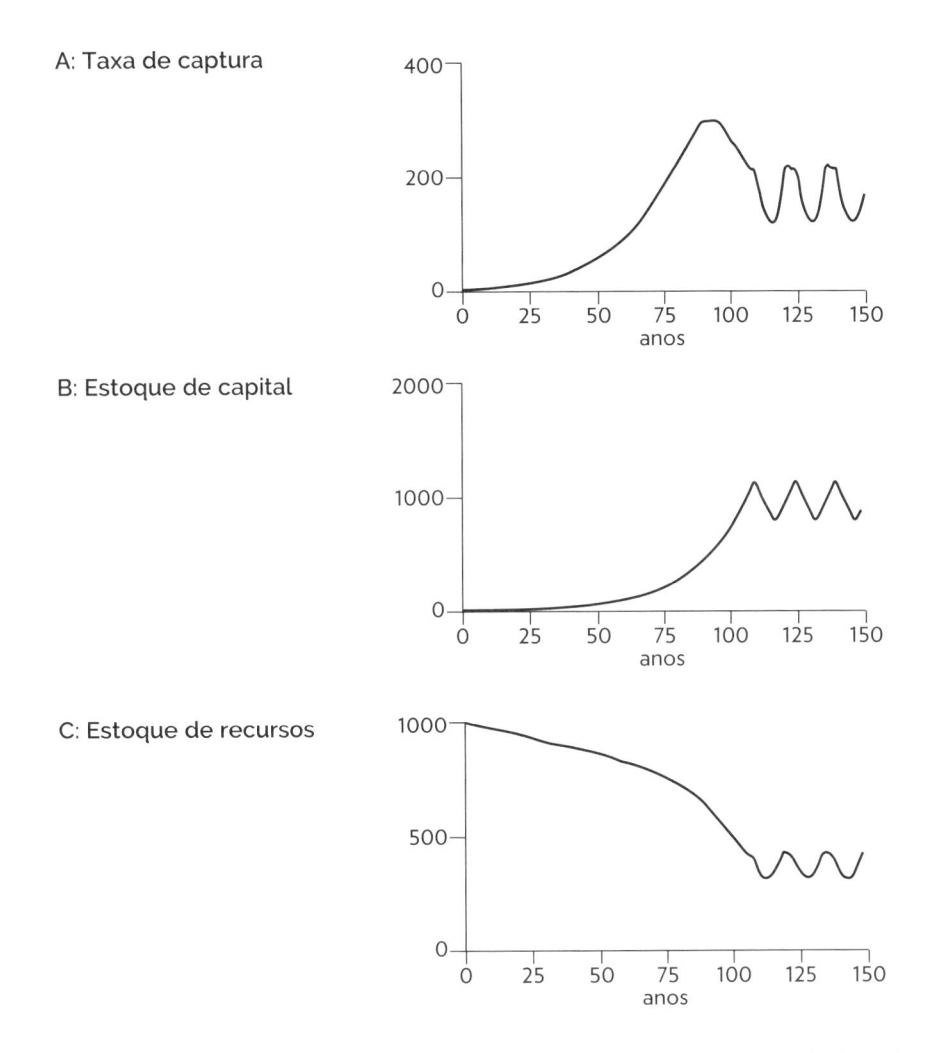

Figura 44. Um leve aumento no rendimento por unidade de capital – tecnologia cada vez mais eficiente, neste caso – cria um padrão de superação e oscilação em torno de um valor estável na taxa de captura (A), no estoque de capital econômico (B) e no estoque de recursos (C).

A figura 44 ilustra mais um caso de alta alavancagem, decisão errada. Essa mudança técnica, que em geral aumenta a produtividade da captura, provoca instabilidade no sistema. Oscilações aparecem, portanto.

Se a tecnologia de pesca melhorar ainda mais, os barcos podem continuar operando economicamente ainda que com baixíssima densidade de peixes. O resultado pode ser uma destruição quase completa tanto do peixe quanto da indústria pesqueira. A consequência é o equivalente marinho da desertificação. Os peixes foram transformados, para todos os efeitos práticos, em um recurso não renovável. A figura 45 ilustra esse cenário.

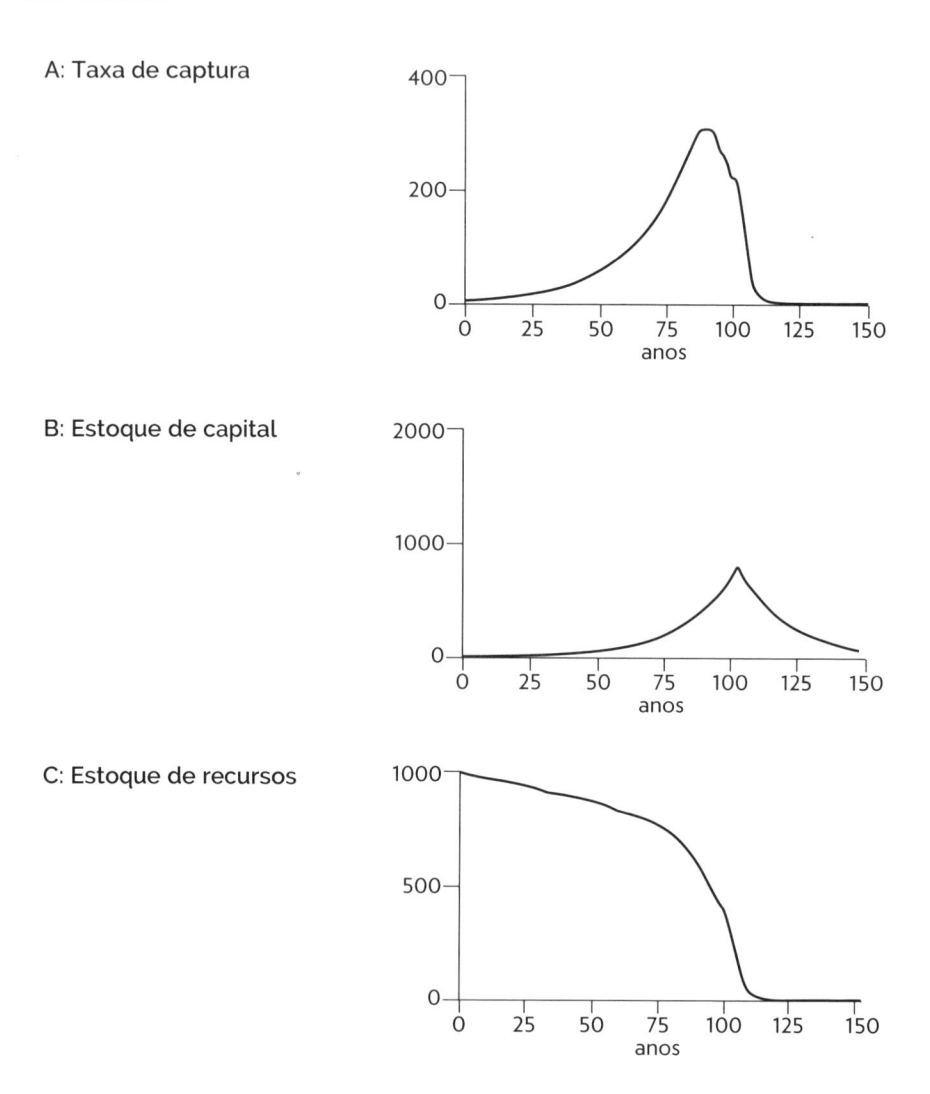

Figura 45. Um aumento ainda maior no rendimento por unidade de capital cria padrões de excesso e colapso na captura (A), no capital econômico (B) e nos recursos (C).

A pequena população sobrevivente, em muitas economias reais que têm por base recursos renováveis reais – em oposição a esse modelo simples –, mantém o potencial de aumentar seus números tão logo se esgote o capital que impulsiona a captura. Assim, todo o padrão se repete décadas depois. Ciclos de recursos renováveis com prazos muito longos como esses foram observados na indústria madeireira na Nova Inglaterra, hoje em seu terceiro ciclo de crescimento, corte excessivo, colapso e posterior regeneração. Mas isso não se aplica a todas as populações de recursos. Os aumentos na tecnologia e na eficiência da captura têm cada vez mais capacidade para levar os recursos à extinção.

Recursos não renováveis têm estoque limitado. Todo o estoque está disponível de uma só vez e pode ser extraído a qualquer taxa (limitada principalmente pelo capital destinado à extração). Mas como o estoque não é renovado, quanto maior a taxa de extração, menor a vida útil do recurso.

Recursos renováveis têm fluxo limitado. Podem suportar extração ou capturas indefinidamente, mas apenas em uma taxa de fluxo igual à de regeneração. Se forem extraídos mais rápido do que se regeneram, podem cair abaixo de um limiar crítico e se tornar, para todos os propósitos práticos, não renováveis.

A probabilidade de um sistema de recursos renováveis sobreviver à coleta excessiva depende do que acontecer durante o tempo em que estiver severamente esgotado. Uma população de peixes muito pequena pode se tornar vulnerável à poluição, a tempestades ou à falta de diversidade genética. Se for uma floresta ou uma pastagem, os solos expostos podem se tornar vulneráveis à erosão. Ou ser preenchidos por um concorrente. Mas o recurso esgotado pode também sobreviver e se reconstruir.

Já mostrei aqui três conjuntos de possíveis comportamentos de sistemas de recursos renováveis:

- exploração excessiva e ajuste para um equilíbrio sustentável;
- exploração excessiva que ultrapasse esse equilíbrio, seguido por oscilações em torno dele;
- exploração excessiva seguida de colapso do recurso e da indústria dependente do recurso.

O resultado depende de duas coisas. A primeira é o limite crítico, além do qual a capacidade de regeneração das populações de recursos é afetada. A segunda é a rapidez e a eficácia do ciclo de feedback de equilíbrio, que retarda o crescimento do capital à medida que os recursos se esgotam. Se o feedback for rápido o suficiente para interromper o crescimento do capital antes que limite crítico seja atingido, todo o sistema entrará em equilíbrio sem problemas. Se o feedback de equilíbrio for mais lento e menos eficaz, o sistema oscila. Se o ciclo de equilíbrio for muito fraco, permitindo que o capital continue crescendo mesmo que o recurso fique abaixo de sua capacidade de se regenerar, tanto o recurso quanto a indústria entram em colapso.

Os limites renováveis, assim como os não renováveis, não permitem que um estoque físico cresça para sempre, mas as restrições que impõem são dinamicamente diferentes. A diferença ocorre em função da diferença entre estoques e fluxos.

O segredo, como acontece com todas as possibilidades comportamentais de sistemas complexos, é reconhecer quais estruturas contêm quais comportamentos latentes e quais condições acionam esses comportamentos – e, sempre que possível, organizar as estruturas e as condições de modo a reduzir os riscos de comportamentos destrutivos e encorajar as chances de comportamentos benéficos.

PARTE II

Os sistemas e nós

3
Por que os sistemas funcionam tão bem

Se o mecanismo da terra for bom, todas as suas partes serão boas, quer as entendamos ou não. Se a biota, ao longo das eras, construiu algo que estimamos mas não entendemos, quem, senão um tolo, descartaria partes aparentemente inúteis? Manter todas as engrenagens e rodas é a primeira precaução do mecânico inteligente.
—Aldo Leopold,[1] silvicultor

O Capítulo 2 introduziu sistemas simples, que criam o próprio comportamento com base em suas estruturas. Alguns são bastante elegantes, sobrevivem à agitação do mundo e, dentro de limites, mantêm a compostura e dão seguimento às suas atividades – mantendo a temperatura de um ambiente, exaurindo um campo petrolífero ou equilibrando o tamanho de uma frota pesqueira com a produtividade de um recurso piscoso.

Se levados longe demais, os sistemas podem desmoronar ou exibir um comportamento até então não observado. Mas em geral se saem muito bem. E esta é a beleza: poderem funcionar tão bem. Quando os sistemas funcionam bem, vemos uma espécie de harmonia em seu desempenho. Pense na população de uma cidade trabalhando a todo vapor após uma violenta tempestade. As pessoas trabalham longas horas para ajudar as vítimas, aparecem talentos e habilidades. Assim que a emergência termina, a vida volta ao "normal".

Por que os sistemas funcionam tão bem? Analise as propriedades de sistemas bem funcionais – máquinas, comunidades humanas ou ecossistemas – que são familiares a você. É bem provável que você tenha observado uma destas três características: resiliência, auto-organização ou hierarquia.

Resiliência

*Colocar um sistema na camisa de força da
constância pode desenvolver fragilidades.*
  – C. S. HOLLING,[2] ecologista

Resiliência tem muitas definições, dependendo do ramo que a define, seja a engenharia, a ecologia ou a teoria dos sistemas. Para nosso propósito, o significado normal do dicionário servirá: "Capacidade de alguns corpos de retornar à forma ou posição original após serem pressionados ou esticados. Elasticidade. Capacidade de alguns indivíduos de se recobrar ou se adaptar a mudanças e má sorte." A resiliência é a medida da capacidade de um sistema de sobreviver e perseverar num ambiente variável. O oposto de resiliência é fragilidade ou rigidez.

A resiliência resulta de uma rica estrutura de muitos ciclos de feedback que podem funcionar de diferentes modos para restaurar um sistema, mesmo após uma grande perturbação. Um único ciclo de equilíbrio pode trazer um estoque do sistema de volta ao estado desejado. Mas, de modo geral, a resiliência é proporcionada por vários desses ciclos, operando por meio de diferentes mecanismos, em diferentes escalas de tempo e com redundância, isto é, um deles entra em ação quando o outro falha.

Um conjunto de ciclos de feedback que pode *restaurar ou reconstruir ciclos de feedback* é a resiliência em nível ainda mais alto – metarresiliência, se você preferir. Com uma esfera de atuação ainda maior, a meta-metarresiliência cria ciclos de feedback que podem *aprender, criar, projetar e desenvolver* estruturas restaurativas cada vez mais complexas. Os sistemas que fazem isso têm capacidade para se auto-organizar, uma característica surpreendente à qual logo chegarei.

Há sempre limites para a resiliência.

O corpo humano é um exemplo notável de sistema resiliente. Pode afastar milhares de invasores de diferentes tipos, tolera amplas faixas de temperatura e grandes variações no suprimento de alimentos, pode realocar o suprimento de sangue, reparar cortes, acelerar ou desacelerar o metabolismo e compensar até certo ponto partes que faltam ou que apresentam defeitos. Acrescente a isso uma inteligência auto-organizada que pode aprender, interagir, projetar tecnologias e até mesmo transplantar partes do corpo, e você verá um sistema bem resiliente – embora não infinitamente, pois, pelo menos até agora, nenhum corpo humano e sua inteligência foi resiliente a ponto de evitar a própria morte ou a de qualquer outro corpo.

Os ecossistemas também são resilientes, com diversas espécies controlando umas às outras, deslocando-se, multiplicando-se ou minguando ao longo do tempo – em resposta a mudanças climáticas, à indisponibilidade de nutrientes e aos impactos das atividades humanas. Populações e ecossistemas têm capacidade de "aprender" e evoluir mediante uma variabilidade genética rica. Com tempo suficiente, podem criar novos sistemas, de modo a aproveitar oportunidades variáveis.

Resiliência não é a mesma coisa que ser estático nem constante ao longo do tempo. Sistemas resilientes podem ser muito dinâmicos. Oscilações de curto prazo, surtos periódicos, longos ciclos de sucessão, clímax e colapso podem de fato ser a condição normal em que a resiliência atua para restaurar.

De maneira inversa, sistemas constantes ao longo do tempo podem não ser resilientes. A distinção entre estabilidade estática e resiliência é importante. A estabilidade estática é algo que se pode ver, é medida pela variação na condição de um sistema semana a semana ou ano a ano. A resiliência é algo que pode ser muito difícil de ver, a menos que você ultrapasse seus limites e sobrecarregue ou danifique os ciclos de equilíbrio, desfazendo a estrutura do sistema. Como a resiliência pode não ser óbvia sem uma visão de todo o sistema, as pessoas muitas vezes sacrificam a resiliência em nome da estabilidade, da produtividade ou de alguma propriedade do sistema reconhecível de modo mais imediato.

- Injeções de hormônio de crescimento bovino modificado geneticamente aumentam a produção de leite de uma vaca sem aumentar de maneira proporcional a ingestão de alimentos da vaca. O hormônio desvia parte da energia metabólica da vaca de outras funções corporais para a produção de leite. (A criação seletiva de gado, ao longo dos séculos, fez a mesma coisa, mas não no mesmo grau.) O custo

do aumento da produção é a redução da resiliência. A vaca é menos saudável, menos longeva, mais dependente do manejo humano.
- Entregas *just-in-time* (na hora certa: nem antes, nem depois) de produtos para varejistas ou de peças para fabricantes reduziram instabilidades no estoque e custos em muitos setores. Mas o modelo *just-in-time* também tornou o sistema de produção mais vulnerável à quebra de computadores e indisponibilidade de mão de obra, a perturbações no fornecimento de combustível e interrupções no fluxo de tráfego, entre outras possíveis falhas.
- Séculos de manejo intensivo das florestas da Europa substituíram de modo gradual os ecossistemas nativos por plantações de uma só idade e de uma única espécie, muitas vezes de árvores não nativas. Tais florestas são projetadas para produzir, indefinidamente, madeira e celulose em grandes quantidades. No entanto, sem múltiplas espécies interagindo umas com as outras, extraindo do solo variadas combinações de nutrientes e a ele devolvendo outro tanto, essas florestas perderam a resiliência. E parecem ser vulneráveis a uma nova forma de agressão: a poluição atmosférica gerada por indústrias.

Muitas doenças crônicas, como câncer e problemas cardíacos, provêm da quebra dos mecanismos de resiliência que reparam o DNA, mantêm os vasos sanguíneos flexíveis ou controlam a divisão celular. Desastres ecológicos vêm da perda de resiliência, à medida que as espécies são removidas dos ecossistemas, a química e a biologia do solo são perturbadas ou as toxinas se acumulam. Grandes organizações de todos os tipos, de corporações a governos, perdem a resiliência porque os mecanismos de feedback com os quais percebem e respondem ao ambiente precisam passar por muitas camadas de atraso e distorção (darei mais informações sobre isso quando chegarmos às hierarquias).

Os sistemas precisam ser gerenciados em benefício da produtividade ou da estabilidade e também para adquirir resiliência – a capacidade de se recuperar de perturbações, a capacidade de se restaurar ou se reparar.

Penso na resiliência como um platô sobre o qual o sistema pode atuar, desempenhando com segurança suas funções normais. Um sistema resiliente dispõe de um enorme espaço em que pode vagar, cujas paredes suaves e elásticas o impedirão de seguir adiante, caso se aproxime de uma borda perigosa. Quando um sistema perde a resiliência, suas paredes protetoras encolhem, tornando-se mais baixas e rígidas, até que o sistema começa a operar em um limite perigoso, podendo descambar em uma direção ou outra sempre que fizer algum movimento. A perda de resiliência pode surgir de surpresa, pois o sistema presta muito mais atenção no seu jogo do que no seu espaço de jogo. Certo dia, ele faz alguma coisa que já fez centenas de vezes e trava.

A percepção da resiliência nos permite enxergar muitas formas de preservar ou aprimorar os poderes restauradores do próprio sistema. Essa mesma conscientização orienta a preservação dos ecossistemas naturais nas fazendas, de modo que os predadores possam assumir um papel mais importante no controle de pragas. Orienta também os cuidados de saúde "holísticos", que tentam curar doenças e fortalecer a resistência interna do corpo. Orienta ainda os programas de ajuda, que fazem mais do que doar comida ou dinheiro – tentam modificar as circunstâncias que obstruem a capacidade das pessoas de obter a própria comida ou o próprio dinheiro.

Auto-organização

> *A evolução não parece ser uma série de acidentes cujo curso é determinado somente pela mudança dos ambientes durante a história da Terra e a consequente luta pela sobrevivência... mas governada por leis definidas. A descoberta dessas leis constitui uma das tarefas mais importantes do futuro.*
> – Ludwig von Bertalanffy,[3] biólogo

A característica mais admirável de alguns sistemas é sua capacidade de aprender, diversificar, evoluir e se tornar complexos. É um único óvulo fertilizado criando a incrível complexidade de um sapo, uma galinha, uma pessoa. É a natureza produzindo milhões de espécies diferentes a partir de uma poça de substâncias orgânicas. É uma sociedade usando a queima de carvão, a geração de vapor, o bombeamento de água, a mão de obra especializada, e transformando tudo isso em uma montadora de automóveis, uma cidade repleta de prédios, uma rede mundial de comunicações.

A capacidade de um sistema de aumentar a complexidade de sua própria estrutura é chamada auto-organização. Você vê auto-organização, de modo limitado e mecanicista, sempre que avista um floco de neve ou pedacinhos de gelo sobre um isolamento precário da janela, uma solução supersaturada que forma de repente um jardim de cristais. Você vê auto-organização de uma forma mais profunda sempre que uma semente brota, ou um bebê aprende a falar, ou um bairro decide se unir para se opor a um depósito de lixo tóxico.

Auto-organização é uma propriedade tão comum, sobretudo em sistemas vivos, que não lhe damos o devido valor. Se o fizéssemos, ficaríamos maravilhados com os sistemas que se desenvolvem em nosso mundo. E se não fôssemos quase cegos às vantagens dessa propriedade, encorajaríamos, em vez de destruir, a capacidade de auto-organização dos sistemas de que fazemos parte.

Assim como a resiliência, a auto-organização é muitas vezes sacrificada em troca de produtividade e estabilidade de curto prazo. Produtividade e estabilidade são as desculpas usuais para transformar seres humanos criativos em auxiliares mecânicos dos processos de produção. Ou para estreitar a variabilidade genética das plantas cultivadas. Ou para estabelecer burocracias e teorias do conhecimento que tratam as pessoas como se fossem apenas números.

A auto-organização produz heterogeneidade e imprevisibilidade, possibilitando o surgimento de novas estruturas, de novas formas de fazer as coisas. Requer liberdade, experimentação e certo grau de desordem. As condições que estimulam a auto-organização podem ser muitas vezes assustadoras para os indivíduos e ameaçadoras para as estruturas de poder. Como resultado, os sistemas educacionais podem restringir em vez de estimular os poderes criativos das crianças. As políticas econômicas podem favorecer empresas poderosas e estabelecidas em vez de empresas novas e criativas. E muitos governos preferem que o povo não seja lá muito auto-organizado.

Felizmente, a auto-organização é uma propriedade tão básica dos sistemas vivos que mesmo a estrutura de poder mais autoritária nunca poderá destruí-la por completo – embora, em nome da lei e da ordem, a auto-organização possa ser suprimida por longos, estéreis, cruéis e tediosos períodos.

Os teóricos dos sistemas costumavam pensar que a auto-organização era uma propriedade tão complexa dos sistemas que jamais poderia ser compreendida. Assim, usavam os computadores para modelar sistemas mecanicistas, deterministas e não evolutivos.

Novas descobertas, entretanto, sugerem que alguns princípios simples de organização podem levar a estruturas auto-organizadas diversas. Imagine um triângulo com três lados iguais. Adicione na metade de cada lado outro triângulo equilátero, com um terço do tamanho do primeiro. Adicione a cada um dos novos lados mais um triângulo, um terço menor. E assim por diante. O resultado é chamado de floco de neve de Koch, ou estrela de Koch (ver figura 46). Seu contorno, que pode atingir um enorme comprimento, cabe sempre dentro de um círculo. Essa estrutura é um exemplo simples do que chamamos de geometria fractal – um reino da matemática e da arte povoado por formas complexas mas geradas por regras relativamente simples.

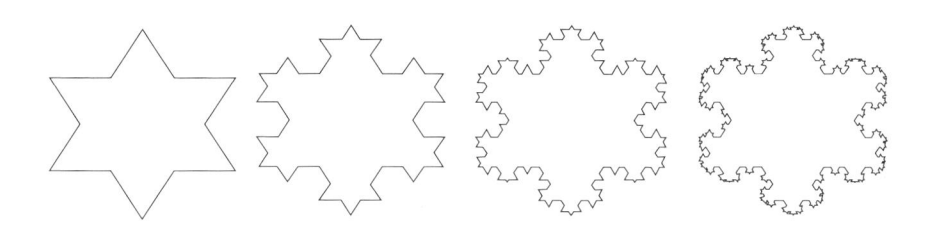

Figura 46. Mesmo um padrão delicado e intrincado como o floco de neve de Koch, mostrado aqui, pode evoluir a partir de um simples conjunto de princípios de organização ou regras de decisão.

Da mesma forma, a estrutura delicada, bela e complexa de uma samambaia estilizada pode ser produzida por um computador mediante regras fractais simples. A diferenciação de uma única célula em um ser humano deriva de algum conjunto similar de regras geométricas que, embora simples, geram enorme complexidade. (É por conta da geometria fractal que o pulmão humano médio tem uma área de superfície suficiente para cobrir uma quadra de tênis.)

Alguns outros exemplos de regras simples de organização que levaram a sistemas auto-organizados de grande complexidade:

- Todas as formas de vida, de vírus a sequoias, de amebas a elefantes, têm por base regras de organização encapsuladas na química do DNA, do RNA e de moléculas de proteínas.
- A revolução agrícola e tudo mais que se seguiu teve início com ideias simples e chocantes de que as pessoas poderiam se estabelecer em algum lugar, ser donas de terras, selecionar lavouras e cultivá-las.
- "Deus criou o universo com a Terra no centro; a Terra, com o castelo no centro; a humanidade, com a Igreja no centro" – princípio organizador das elaboradas estruturas físicas e sociais da Europa na Idade Média.
- "Deus e moralidade são ideias ultrapassadas; as pessoas devem ser objetivas e científicas, devem ter e multiplicar os meios de produção e tratar as pessoas e a natureza como insumos instrumentais para a produção" – princípios organizadores da Revolução Industrial.

Regras simples de auto-organização podem criar enormes e diversificados cristais de tecnologia, estruturas físicas, organizações e culturas.

Os sistemas têm capacidade de auto-organização – estruturam-se, criam novas estruturas, aprendem, diversificam-se e se tornam complexos. Mesmo formas complexas de auto-organização podem surgir de regras de organização simples – ou não.

Hoje, a ciência sabe que sistemas auto-organizados podem surgir a partir de regras simples. Os cientistas, que formam eles mesmos um sistema auto-organizado, gostam de pensar que toda a complexidade do mundo deve derivar, em última análise, de regras simples. Se isso de fato acontece é algo que a ciência ainda não sabe.

Hierarquias

> *Assim, observam os naturalistas, uma pulga*
> *Tem pulgas menores que a atacam;*
> *E estas têm outras ainda menores para mordê-las,*
> *E assim continua* ad infinitum.
> – JONATHAN SWIFT,[4] poeta do século XVIII

No processo de criar novas estruturas e aumentar sua complexidade, um sistema auto-organizado também gera hierarquia.

O mundo, ou pelo menos as partes dele que os humanos acham que entendem, é organizado em subsistemas agregados a subsistemas maiores, agregados a subsistemas ainda maiores. Uma célula do seu fígado é um subsistema de um órgão, que é um subsistema de você como organismo, e você é um subsistema de uma família, de uma equipe esportiva, de um grupo musical e assim por diante. Todos esses grupos são subsistemas de uma cidade; e a cidade, de uma nação; e a nação, de todo o sistema socioeconômico mundial que existe dentro do sistema da biosfera. Esse arranjo de sistemas e subsistemas é chamado hierarquia.

Sistemas corporativos, sistemas militares, sistemas ecológicos, sistemas econômicos e organismos vivos são organizados em hierarquias. Não é por acaso. Se os subsistemas puderem cuidar de si mesmos, regular-se, manter-se e ainda atender às necessidades do sistema maior, enquanto o sistema maior coordena e melhora o funcionamento dos subsistemas, o resultado é uma estrutura estável, resiliente e eficiente. É difícil imaginar como qualquer outro tipo de arranjo poderia ter surgido.

INTERLÚDIO
Por que o universo está organizado em hierarquias – uma fábula

Era uma vez dois relojoeiros, chamados Hora e Tempus. Ambos faziam bons relógios e ambos tinham muitos clientes. As pessoas entravam em suas lojas e seus telefones tocavam sempre com novos pedidos. Ao longo dos anos, no entanto, Hora prosperou, enquanto Tempus tornou-se cada vez mais pobre. Isso porque Hora descobriu o princípio da hierarquia...

Os relógios feitos por Hora e Tempus tinham cerca de mil peças cada. Tempus montava os dele de tal forma que, se houvesse algum parcialmente pronto e ele precisasse colocá-lo de lado – para atender o telefone, digamos –, o relógio se partia em pedaços. Quando retornava, Tempus tinha que começar tudo de novo. Quanto mais clientes o procuravam, mais difícil era encontrar tempo suficiente para terminar um relógio.

Os relógios de Hora não eram menos complexos que os de Tempus, mas ele montava subconjuntos estáveis com cerca de 10 elementos cada. Depois, reunia 10 desses subconjuntos em um conjunto maior. Dez desses conjuntos compunham um relógio inteiro. Sempre que Hora tinha que abandonar um relógio parcialmente completo para atender o telefone, só perdia uma pequena parte de seu trabalho. Assim, fazia relógios com muito mais rapidez e eficiência do que Tempus.

Sistemas complexos podem evoluir de sistemas simples somente se existirem formas intermediárias estáveis. As formas complexas resultantes serão naturalmente hierárquicas. Isso explica por que as hierarquias são tão comuns nos sistemas que nos são apresentados pela natureza. De todas as formas complexas possíveis, as hierarquias são as únicas que tiveram tempo para evoluir.[5]

As hierarquias são brilhantes invenções para os sistemas, não só porque proporcionam a eles estabilidade e resiliência como também porque reduzem a quantidade de informações que qualquer parte de um sistema precisa acompanhar.

Em sistemas hierárquicos, os relacionamentos dentro de cada subsistema são mais densos e fortes que os relacionamentos entre subsistemas. Tudo permanece conectado a todo o resto, mas não com a mesma força. Pessoas do mesmo departamento universitário conversam mais entre si do que com pessoas de outros departamentos. As células que constituem o fígado estão em comunicação mais próxima entre si do que com as células do coração. Se esses links de informações diferenciais – no interior de cada nível da hierarquia e entre cada nível com os demais – forem projetados de modo correto, os atrasos de feedback serão minimizados. Nenhum nível ficará sobrecarregado de informações. E o sistema funcionará com eficiência e resiliência.

Os sistemas hierárquicos são parcialmente decomponíveis. Podem ser desmontados e os subsistemas com links densos de informação podem funcionar como sistemas, pelo menos de modo parcial, por direito próprio. Quando as hierarquias são quebradas, se dividem ao longo dos limites de seus subsistemas. Muito se pode aprender desmontando sistemas em diferentes níveis hierárquicos – células ou órgãos, por exemplo – e os estudando separadamente. Portanto, como diriam os pensadores sistêmicos, a dissecação reducionista da ciência normal nos ensina muito. No entanto, não se deve perder de vista as importantes relações que ligam cada subsistema aos outros e aos níveis mais altos da hierarquia, ou teremos surpresas.

Se você tiver uma doença no fígado, por exemplo, um médico poderá tratá-la sem se preocupar muito com seu coração ou com suas amígdalas (para ficarmos no mesmo nível hierárquico), com sua personalidade (para subirmos um nível ou dois) ou com o DNA nos núcleos das células do fígado (para descermos vários níveis). Mas há exceções a essa regra para reforçar a necessidade de dar um passo atrás e considerar toda a hierarquia. Talvez seu trabalho o exponha a um produto químico que está danificando seu fígado. Talvez a doença tenha origem em um mau funcionamento do DNA.

O que você precisa levar em conta pode mudar com o tempo, à medida que os sistemas auto-organizados evoluem para novos patamares de hierarquia e integração. Os sistemas de energia das nações já foram quase independentes uns dos outros. Isto não é mais verdade. As pessoas cujo pensamento não evoluiu tão rápido quanto a economia de energia podem ficar chocadas ao descobrir como se tornaram dependentes de riquezas e decisões vindas do outro lado do mundo.

É possível observar sistemas auto-organizados formando hierarquias. Um trabalhador autônomo recebe muito trabalho e contrata alguns ajudantes. Uma pequena organização sem fins lucrativos atrai muitos participantes e acumula um orçamento maior. Certo dia seus membros decidem: "Precisamos de alguém para organizar tudo isso." Um aglomerado de células em divisão se diferencia em funções especiais, gerando um sistema circulatório ramificado para alimentar todas as células e um sistema nervoso ramificado para coordená-las.

As hierarquias evoluem do nível mais baixo para o mais alto – das peças para o todo, da célula para o órgão e para o organismo, do indivíduo para a equipe, da produção para o gerenciamento. Os primeiros agricultores decidiram se unir e formar cidades para se proteger e para tornar o comércio mais eficiente. A vida se iniciou com bactérias unicelulares, não com elefantes. O propósito original de uma hierarquia é sempre ajudar seus subsistemas de origem a fazer melhor seu trabalho. Isso é algo que, infelizmente, tanto os níveis mais altos quanto os mais baixos de uma hierarquia bem articulada podem esquecer com facilidade. Portanto, muitos sistemas não atendem aos nossos objetivos por conta do mau funcionamento das hierarquias.

Se um membro da equipe está mais interessado na glória pessoal do que na vitória do time, pode levar a equipe à derrota. Se uma célula do corpo se liberta de sua função hierárquica e começa a se multiplicar descontroladamente, sobrevém um câncer. Se os alunos pensam que a meta é maximizar as notas pessoais em vez de buscar conhecimento, favorecem o surgimento de comportamentos negativos como colar e plagiar. Se uma corporação suborna o governo para obter privilégios, as vantagens do mercado competitivo e o bem-estar de toda a sociedade são corroídos.

Quando os objetivos de um subsistema predominam à custa dos objetivos do sistema total, o comportamento resultante é chamado subotimização.

Tão prejudicial quanto a subotimização é o problema do excesso de controle central. Se o cérebro controlasse cada célula com tanta força que a célula não pudesse realizar suas funções de automanutenção, todo o organismo poderia morrer. Se as regras e os regulamentos centrais impedem alunos ou professores de explorar livremente os campos do conhecimento, o propósito da universidade não é atendido. O treinador de uma equipe pode interferir nas percepções imediatas de um bom jogador em detrimento da equipe. O controle excessivo a partir do topo, tanto em empresas quanto em países, foi a causa de grandes catástrofes na história e ainda poderá ser a causa de grandes catástrofes futuras.

Para ser um sistema altamente funcional, a hierarquia deve equilibrar o bem-estar, as liberdades e as responsabilidades tanto dos subsistemas quanto do sistema total – é preciso haver controle central para alcançar o objetivo do grande sistema e autonomia para manter todos os subsistemas florescendo, funcionando e se auto-organizando.

Resiliência, auto-organização e hierarquia são três dos motivos pelos quais os sistemas dinâmicos funcionam tão bem. Promover ou gerenciar essas propriedades em um sistema pode melhorar seu funcionamento a longo prazo e sua sustentabilidade. Mas o comportamento dos sistemas também pode ser cheio de surpresas.

Os sistemas hierárquicos evoluem de baixo para cima. O propósito das camadas superiores da hierarquia é servir aos propósitos das camadas inferiores.

4

Por que os sistemas nos surpreendem

> *O problema é que somos terrivelmente ignorantes.*
> *Os mais instruídos de nós são ignorantes. Adquirir*
> *conhecimento sempre envolve revelar ignorância –*
> *quase é revelar ignorância. Nosso conhecimento*
> *do mundo nos ensina, antes de tudo, que o mundo*
> *é maior do que nosso conhecimento dele.*
> —WENDELL BERRY,[1] agricultor

Você pode ter ficado perplexo com o comportamento dos sistemas simples do zoológico. Eles continuam a me surpreender, embora eu os ensine há anos. Que você e eu demonstremos surpresa diz tanto sobre nós quanto sobre sistemas dinâmicos. As interações entre o que eu acho que sei sobre sistemas dinâmicos e minha experiência no mundo real nunca deixam de ser humilhantes. Eles continuam me lembrando três verdades:

1. Tudo o que pensamos que sabemos sobre o mundo é um modelo. Cada palavra e cada língua é um modelo. Todos os mapas e estatísticas, livros e bancos de dados, equações e programas de computador são modelos. Assim como as formas como imagino o mundo – meus modelos *mentais*. Nada disso é ou jamais será o mundo *real*.
2. Nossos modelos costumam ter forte congruência com o mundo. É por isso que somos uma espécie tão bem-sucedida na biosfera. Os modelos mentais que desenvolvemos a partir da experiência direta e íntima com a natureza, com as pessoas e com as organizações ao nosso redor são complexos e sofisticados.
3. Nossos modelos, porém, ficam muito aquém de representar plena-

mente o mundo. É por isso que cometemos erros e somos quase sempre surpreendidos. Em nosso pensamento, podemos acompanhar apenas algumas variáveis ao mesmo tempo. Muitas vezes tiramos conclusões ilógicas de suposições precisas e conclusões lógicas de suposições imprecisas. A maioria de nós fica surpresa com o enorme crescimento que um processo exponencial pode gerar. Poucos de nós podem intuir como amortecer as oscilações em um sistema complexo.

Em suma, este livro está ancorado em uma dualidade. Sabemos muito sobre como o mundo funciona, mas não o suficiente. Nosso conhecimento é incrível, nossa ignorância ainda mais. Podemos melhorar nossa compreensão, mas não podemos torná-la perfeita. Acredito nos dois lados dessa dualidade, pois aprendi muito com o estudo dos sistemas.

Tudo o que pensamos que sabemos sobre o mundo é um modelo. Nossos modelos têm forte congruência com o mundo, mas estão longe de representar por completo o mundo real.

Este capítulo descreve algumas das razões pelas quais os sistemas dinâmicos são tão surpreendentes. É também uma compilação de situações em que nossos modelos mentais não levam em conta as complicações do mundo real – pelo menos situações que podemos ver de uma perspectiva sistêmica. Trata-se de uma lista de avisos. Aqui é onde estão os problemas ocultos. Você não poderá navegar com sucesso em um mundo interconectado e dominado por feedbacks a menos que deixe de examinar os eventos de curto prazo e volte sua atenção para comportamentos e estruturas de longo prazo; a menos que esteja ciente de falsos limites e racionalidade limitada; a menos que leve em consideração fatores limitantes, não linearidades e atrasos. É provável que você maltrate, projete mal ou interprete mal os sistemas se não respeitar as propriedades de resiliência, auto-organização e hierarquia.

A má notícia, ou a boa notícia, dependendo de sua necessidade de controlar o mundo ou de sua disposição para se deliciar com surpresas, é que, mesmo entendendo todas essas características do sistema, você ainda pode ser surpreendido, embora com menos frequência.

Eventos atraentes

Um sistema é uma grande caixa-preta
Cujo cadeado não podemos abrir.
Tudo o que dela podemos conhecer
É o que entra e o que sai.
Observar inputs e outputs,
Relacionados por parâmetros,
Permite-nos, às vezes, relacionar
Um input, um output e um estado.
Se essa relação for boa e estável
Talvez possamos fazer previsões,
Mas se isso falhar – Deus nos livre!
Teremos que quebrar o cadeado!
– Kenneth Boulding,[2] economista

Os sistemas nos enganam se apresentando como uma série de eventos. Ou somos nós que nos enganamos vendo o mundo desse modo. As notícias diárias falam de eleições, batalhas, acordos políticos, desastres, booms ou quebras no mercado de ações. Grande parte de nossa conversa cotidiana é sobre acontecimentos específicos em momentos e lugares específicos. Uma equipe venceu. Um rio provocou inundações. O índice Dow Jones atingiu 10 mil pontos. Uma reserva de petróleo foi descoberta. Uma floresta foi cortada. Eventos são as saídas, momento a momento, da caixa-preta do sistema.

Os eventos podem ser espetaculares: acidentes, assassinatos, grandes vitórias, tragédias terríveis. E capturam nossas emoções. Embora tenhamos visto milhares deles em nossas telas de TV ou na primeira página dos jornais, cada qual é diferente o bastante para nos manter fascinados (assim como nunca perdemos o fascínio pelas reviravoltas caóticas do clima). É fascinante ver o mundo como uma série de eventos, e sempre surpreendente, pois essa forma de ver o mundo quase não tem valor preditivo ou explicativo. Como a ponta de um iceberg que se eleva acima da água, os eventos são o aspecto mais visível porém nem sempre o mais importante de um complexo maior.

É menos provável que fiquemos surpresos se pudermos ver como os eventos se acumulam em padrões dinâmicos de *comportamento*. O time mantém uma sequência de vitórias. A variação do rio está aumentando, com enchentes mais altas durante as chuvas e vazões mais baixas durante as secas. O Dow Jones está em alta há dois anos. As descobertas de novas reservas de petróleo estão se tornando menos frequentes. A derrubada de florestas está ocorrendo a um ritmo cada vez maior.

O comportamento de um sistema é seu desempenho ao longo do tempo – crescimento, estagnação, declínio, oscilação, aleatoriedade ou evolução. Se os eventos fossem colocados no contexto histórico, teríamos uma melhor compreensão do nível de comportamento, que é mais profunda do que a compreensão do nível do evento. Quando um pensador sistêmico encontra um problema, a primeira coisa que faz é procurar dados, gráficos de tempo, a história do sistema. Isso porque o comportamento de longo prazo fornece pistas sobre a estrutura do sistema subjacente. E a estrutura é a chave para entendermos *o que* está acontecendo e *por quê*.

A estrutura de um sistema são seus estoques, fluxos e ciclos de feedback interligados. Os diagramas com caixas e setas (meus alunos os chamam de "diagramas de espaguete e almôndegas") são imagens dessa estrutura. A estrutura determina quais comportamentos estão latentes no sistema. Um ciclo de feedback de equilíbrio em busca de um objetivo mantém um equilíbrio dinâmico ou se aproxima de um. Um ciclo de feedback de reforço gera crescimento exponencial. Ligados entre si, ambos são capazes de crescimento, decadência ou equilíbrio. Caso também contenham atrasos, podem produzir oscilações. Se trabalharem em rajadas rápidas e periódicas, podem produzir comportamentos ainda mais surpreendentes.

A estrutura do sistema é a fonte do comportamento do sistema. E o comportamento se revela como uma série de eventos ao longo do tempo.

O pensamento sistêmico vai e volta com constância entre estrutura (diagramas de estoques, fluxos e feedback) e comportamento (gráficos de tempo). Os pensadores sistêmicos buscam entender as conexões entre a mão que solta a mola maluca (evento), as oscilações resultantes (comportamento) e as características mecânicas da bobina helicoidal da mola maluca (estrutura).

Exemplos simples como a mola maluca fazem parecer óbvia a distinção entre evento, comportamento e estrutura. Muitas análises no mundo não vão além dos eventos. Ouça o noticiário noturno explicando por que o mercado de ações se comportou de determinada forma. As ações subiram (caíram) porque o dólar americano caiu (subiu), ou a taxa básica de juros subiu (caiu), ou os democratas venceram (perderam), ou um país invadiu outro (ou não). Análises de evento a evento.

Explicações como essas não nos tornam capazes de prever o que acontecerá amanhã. Não permitem que mudemos o comportamento do sistema – seja para tornar o mercado de ações menos volátil, um indicador de saúde das empresas mais confiável ou uma medida mais eficaz para incentivar o investimento.

A maioria das análises econômicas, é preciso reconhecer, atinge um nível mais profundo no que se refere ao comportamento ao longo do tempo. Os modelos econométricos se esforçam para encontrar ligações estatísticas entre as tendências anteriores de renda, poupança, investimentos, gastos do governo, taxas de juros, produção ou qualquer outra coisa, muitas vezes com equações complicadas.

Esses modelos com base em comportamento são mais úteis que aqueles determinados por eventos, mas ainda apresentam problemas fundamentais. Para começar, enfatizam demais os fluxos do sistema e subestimam os estoques. Os economistas seguem o comportamento dos fluxos, porque é nesse ponto que aparecem as variações interessantes e as mudanças mais rápidas nos sistemas. As notícias econômicas informam a produção nacional (fluxo) de bens e serviços, o PIB, em vez do capital físico total (estoque) das fábricas, fazendas e empresas que produzem esses bens e serviços. Mas sem saber como os estoques afetam os fluxos relacionados mediante processos de feedback, não podemos entender a dinâmica dos sistemas econômicos nem as razões de seu comportamento.

Há um problema ainda mais sério: ao tentar descobrir ligações estatísticas que relacionem os fluxos entre si, os econometristas estão procurando por algo que não existe. Não há motivo para esperar que algum fluxo tenha uma relação estável com algum outro fluxo. Os fluxos sobem e descem, ligam e desligam, em todos os tipos de combinações, em resposta aos estoques, não a outros fluxos.

Vou dar um exemplo simples para explicar o que estou dizendo. Suponha que você não saiba nada sobre termostatos, mas tenha muitos dados sobre fluxos de calor transferidos para dentro e para fora do seu quarto. Você pode encontrar uma equação explicando como esses fluxos variaram juntos no passado, pois em circunstâncias normais, sendo governados pelo mesmo estoque (a temperatura do recinto), variam juntos.

Porém essa equação só seria válida até que algo mudasse na estrutura do sistema – alguém abrisse uma janela ou melhorasse o isolamento, ou reajustasse o aquecedor, ou se esquecesse de pagar a conta do gás. Você poderia prever a temperatura ambiente do dia seguinte com a equação – desde que o sistema não mudasse nem deixasse de funcionar. Caso você fosse solicitado a aumentar a temperatura do recinto, ou se a temperatura ambiente começasse a cair e você tivesse que fazer ajustes, ou se quisesse manter a temperatura ambiente com uma conta de gás mais baixa, a análise de nível de comportamento não o ajudaria. Você teria que mexer na estrutura do sistema.

É por isso que os modelos econométricos fundamentados em comportamento são muito bons em prever o desempenho de curto prazo da economia, mas muito ruins em prever o desempenho de longo prazo; e péssimos se tiverem de fazer recomendações a respeito de como melhorar o desempenho da economia.

Essa é uma das razões pelas quais sistemas de todos os tipos nos surpreendem. Ficamos muito fascinados pelos eventos que geram. Damos muito pouca atenção à sua história. E não somos qualificados para identificar, em sua história, pistas para as estruturas das quais fluem o comportamento e os eventos.

Mentes lineares em um mundo não linear

> *É fácil pensar a respeito das relações lineares: quanto mais, melhor. As equações lineares são solucionáveis, o que as torna adequadas para livros didáticos. Os sistemas lineares têm uma importante virtude modular: você pode desmontá-los e remontá-los – as peças se somam.*
>
> *Sistemas não lineares não podem ser resolvidos e não podem ser somados. A não linearidade costuma mudar as regras do jogo. Essa mutabilidade distorcida torna a não linearidade difícil de calcular e cria elaborados tipos de comportamento que jamais ocorrem em sistemas lineares.*
>
> – JAMES GLEICK, autor de *Caos: A criação de uma nova ciência*[3]

Muitas vezes não somos hábeis em entender a natureza das relações. Uma relação linear entre dois elementos em um sistema pode ser desenhada como uma linha reta em um gráfico. É uma relação com proporções constantes. Se eu colocar 5 quilos de fertilizante no meu campo, meu rendimento aumentará em 70 litros. Se eu colocar 10 quilos, meu rendimento aumentará em 140 litros. Se eu colocar 15 quilos, terei um aumento de 210 litros.

Uma relação não linear é aquela em que a causa não produz um efeito proporcional. A relação entre causa e efeito só pode ser traçada com curvas ou ondulações, não com uma linha reta. Se eu colocar 50 quilos de fertilizante, meu rendimento aumentará em 350 litros; se colocar 200, meu rendimento não aumentará em nada; e se eu colocar 300, meu rendimento cairá. Por quê? Porque danifiquei o solo com "coisa boa em excesso".

O mundo está cheio de não linearidades.

Assim, o mundo surpreende a mente de pensamento linear. Se aprendemos que um empurrão pequeno produz uma resposta pequena, pensamos que um empurrão duas vezes maior produzirá uma resposta duas vezes maior. Mas em um sistema não linear, o dobro do empurrão poderia produzir um sexto da resposta, ou a resposta ao quadrado, ou nenhuma resposta.

Alguns exemplos de não linearidades:

- À medida que o tráfego em uma rodovia aumenta, a velocidade do carro só é afetada, e de leve, em uma grande faixa de densidade de carros. Eventualmente, no entanto, pequenos aumentos adicionais na densidade produzem rápida queda na velocidade. E quando o número de carros na rodovia aumenta até determinado ponto, pode ocorrer um engarrafamento e a velocidade do carro cair para zero.
- A erosão do solo pode prosseguir por um bom tempo sem afetar muito o rendimento da lavoura – até que o solo superficial seja desgastado até a profundidade da zona de raiz da lavoura. Além desse ponto, um pouco mais de erosão pode fazer a produtividade despencar.
- Um pouco de propaganda de bom gosto pode despertar interesse por um produto. Muita publicidade espalhafatosa pode gerar repulsa pelo produto.

Eis por que as não linearidades causam surpresa. Frustram a expectativa razoável de que se um pouco de algum remédio fez um pouco de bem, então muita quantidade do mesmo remédio fará muito bem – ou de que se uma pequena ação destrutiva causará apenas uma quantidade tolerável de danos, mais do mesmo tipo de destruição causará apenas um pouco mais de danos. Expectativas razoáveis como essas em um mundo não linear geram erros clássicos.

As não linearidades são importantes porque confundem nossas expectativas sobre a relação entre ação e resposta. E são ainda mais importantes porque *alteram as forças relativas dos ciclos de feedback*. Elas podem mudar um sistema de um tipo de comportamento para outro.

As não linearidades são a causa principal da mudança de domínio que caracteriza vários dos sistemas do zoológico – a oscilação repentina entre o crescimento exponencial causado por um ciclo de reforço dominante, digamos, e o declínio causado por um ciclo de equilíbrio subitamente dominante.

Para dar um exemplo expressivo dos efeitos das não linearidades, vamos considerar as irrupções destrutivas da lagarta-do-abeto nas florestas americanas.

INTERLÚDIO
Lagartas-do-abeto, pinheiros e pesticidas

Registros de anéis de árvores revelam que a lagarta-do-abeto vem matando abetos e pinheiros na América do Norte há pelo menos 400 anos. Até este século, ninguém se importava com isso. A árvore valiosa para a indústria madeireira era o pinheiro-branco. Abetos e pinheiros comuns eram comparados a ervas daninhas. Com o tempo, no entanto, os pinheiros-brancos escassearam e a indústria madeireira se voltou para os abetos e os pinheiros. De repente, a lagarta virou uma praga séria.

Assim, a partir da década de 1950, as florestas do norte começaram a ser pulverizadas com DDT, no intuito de controlar a lagarta-do-abeto. Apesar disso, todos os anos a lagarta ressurgia. As pulverizações anuais prosseguiram nas décadas de 1950, 1960 e 1970. Até que o DDT foi banido e as pulverizações passaram a conter fenitrotiona, acefato, Sevin e metoxicloro.

Os inseticidas já não eram tidos como resposta definitiva para o problema da lagarta, mas ainda eram vistos como essenciais. "Inseticidas ganham tempo", disse um silvicultor. "Tudo que queremos é preservar as árvores até que as serrarias estejam prontas para recebê-las."

Em 1980, os custos da pulverização começaram a se tornar incontroláveis. A província canadense de New Brunswick gastou 12,5 milhões de dólares, naquele ano, no "controle" da lagarta. Cidadãos preocupados se opunham à inundação da mata com venenos. E mesmo assim a lagarta estava matando até 20 milhões de hectares de árvores por ano.

Para obter uma visão geral do problema, C.S. Holling, da Universidade da Colúmbia Britânica, e Gordon Baskerville, da Universidade de New Brunswick, montaram um modelo de computador. Descobriram que na maioria dos anos, antes do início da pulverização, a lagarta era quase indetectável – sendo controlada por diversos predadores, incluindo pássaros, um tipo de aranha, uma vespa parasita e diversas doenças. A cada poucas décadas, porém, havia surtos de lagarta, com duração de 6 a 10 anos. A população desses insetos acabava diminuindo, mas depois explodia outra vez.

A lagarta ataca de preferência o pinheiro balsâmico e, em segundo lugar, o abeto. O pinheiro balsâmico é a árvore mais competitiva das florestas do norte. Deixado por conta própria, expulsaria abetos e bétulas, e a floresta se tornaria uma monocultura de pinheiros. Cada surto de lagarta reduz a população de pinheiros, abrindo a floresta para abetos e bétulas. Então o pinheiro retorna.

À medida que a população de pinheiros aumenta, a probabilidade de surto aumenta também – *de forma não linear*. O potencial reprodutivo da lagarta é maior, em proporção, que a disponibilidade de seu suprimento alimentar favorito. O gatilho final são duas ou três primaveras quentes e secas, perfeitas para a sobrevivência das larvas. (Se você estiver fazendo uma análise em nível de eventos, colocará a culpa do surto nas primaveras quentes e secas.)

A população de lagartas cresce demais – *de forma não linear* – para que seus inimigos naturais a controlem. Em uma ampla gama de condições, maiores populações de lagartas resultam em multiplicação mais rápida dos predadores de lagartas. Mas além de certo ponto os predadores não conseguem se multiplicar mais rápido. O que era uma relação de reforço – mais lagartas, multiplicação mais rápida de predadores – se torna uma não relação: mais lagartas, multiplicação de predadores mais lenta. Desimpedida, a população de lagartas explode.

Apenas um fato pode refrear o surto: o inseto reduzir seu suprimento alimentar matando os pinheiros. Quando isso acontece, a população de lagartas cai – *de forma não linear*. O ciclo de reforço da reprodução da lagarta cede o domínio ao ciclo de equilíbrio da inanição da lagarta. Abetos e bétulas ocupam os espaços antes ocupados pelos pinheiros e o ciclo recomeça.

O sistema lagarta/abeto/pinheiro oscila ao longo das décadas, mas é ecologicamente estável dentro de certos limites.

Pode continuar para sempre. O principal efeito da lagarta é permitir que outras espécies de árvores, além do pinheiro, subsistam. Neste caso, porém, o que é ecologicamente estável é economicamente instável. No leste do Canadá, a economia é quase por completo dependente da indústria madeireira, que exige um fornecimento constante de pinheiros e abetos.

Muitas relações em sistemas são não lineares. Suas forças relativas mudam em medidas desproporcionais à medida que os estoques do sistema variam. Não linearidades em sistemas de feedback produzem um predomínio variável de ciclos e muitas complexidades no comportamento do sistema.

Ao fazer uso de inseticidas, a indústria muda todo o sistema para se equilibrar, de modo desconfortável, em diferentes pontos de suas relações não lineares. Mata a praga e os inimigos naturais dela, enfraquecendo o ciclo de feedback que mantém as lagartas sob controle. E mantém elevada a população de pinheiros, aumentando a curva de reprodução não linear das lagartas, até o ponto em que estiverem à beira de uma explosão populacional.

As práticas de manejo florestal estabeleceram o que Holling chama de "condições constantes para surtos de médio porte" em áreas cada vez maiores. "Enquanto isso, os silvicultores se veem presos a uma política que mantém as florestas sobre um vulcão incipiente – de tal forma que, se essa política falhar, haverá um surto de intensidade jamais vista."[4]

Limites inexistentes

Quando pensamos em termos de sistemas, vemos que um equívoco fundamental está embutido na popular expressão "efeitos colaterais", que significa "efeitos que eu não tinha previsto ou não quero considerar". Os efeitos colaterais já não merecem o adjetivo "colateral", assim como o efeito "principal". É difícil pensar em termos de sistemas, portanto distorcemos nossa linguagem para nos protegermos da necessidade de fazê-lo.
– GARRETT HARDIN,[5] ecologista

Você se lembra das nuvens nos diagramas estruturais dos Capítulos 1 e 2? Cuidado com as nuvens! São as principais fontes de surpresas dos sistemas.

As nuvens representam o início e o fim dos fluxos. São estoques – fontes e escoadouros – que estão sendo ignorados no momento para simplificar a explicação. Assinalam os limites do diagrama do sistema. Raras vezes marcam um limite real, pois os sistemas quase nunca têm limites reais. Tudo, como se costuma dizer, está conectado a todo o restante, e não de modo ordenado. Não existe uma fronteira bem determinada entre o mar e a terra, entre a sociologia e a antropologia, entre o escapamento de um automóvel e o nosso nariz. Existem apenas limites de palavras, pensamento, percepções e acordo social – limites artificiais de modelos mentais.

As maiores complexidades surgem nas fronteiras. Há tchecos no lado alemão da fronteira e alemães no lado tcheco da fronteira. As espécies florestais se estendem além da borda da floresta até o campo; espécies campestres penetram de modo parcial na floresta. Fronteiras desordenadas e confusas são fontes de diversidade e criatividade.

Em nosso zoológico do sistema, por exemplo, mostrei o fluxo de carros no inventário de um revendedor como vindo de uma nuvem. Claro que os carros não vêm de uma nuvem, vêm da transformação de um estoque de matérias-primas, com ajuda de capital, mão de obra, energia, tecnologia e gestão (os meios de produção). Da mesma forma, o fluxo de carros fora do estoque não vai para uma nuvem, mas para residências ou empresas, por meio de vendas.

Se será importante acompanhar as matérias-primas ou os estoques domésticos dos consumidores (ou seja, se será legítimo substituí-los por nuvens em um diagrama), isso dependerá da influência que esses estoques terão no comportamento do sistema ao longo do período de interesse. Se as matérias-primas forem abundantes e os consumidores continuarem a exigir os produtos, as nuvens servirão. Mas se houver escassez de materiais ou excesso de produtos, e se traçarmos um limite mental em torno do sistema que não inclua esses estoques, poderemos ser surpreendidos por eventos futuros.

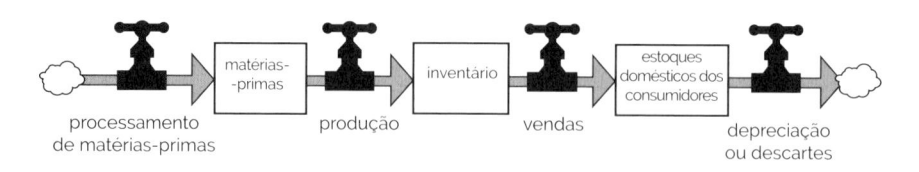

Figura 47. Revelando alguns dos estoques por trás das nuvens.

Ainda há nuvens na figura 47. O limite pode ser expandido. As matérias-primas processadas vêm de indústrias químicas, fundições ou refinarias, cuja entrada provém, em última análise, da terra. O processamento cria produtos e também empregos, salários, lucros e poluição. Os estoques descartados dos consumidores vão para aterros sanitários, incineradores ou centros de reciclagem, onde provocam efeitos adicionais no meio ambiente e na sociedade. As substâncias poluentes dos aterros se infiltram em poços de água potável, os incineradores produzem fumaça e cinzas, os centros de reciclagem transportam materiais de volta ao fluxo de produção.

Se é importante pensar no fluxo total, desde a mina até o lixão – ou "do berço ao túmulo", como se diz nas indústrias –, depende de quem quer saber, com que finalidade e por quanto tempo. No longo prazo, o fluxo total é importante e, à medida que a economia física prospera e a "pegada ecológica" da sociedade se expande, o longo prazo vai se transformando, cada vez mais, no curto prazo. Os aterros sanitários se enchem com rapidez surpreendente para pessoas cujos modelos mentais imaginam o lixo como algo que "desaparece" em algum tipo de nuvem. Fontes de matérias-primas – como minas, poços e campos petrolíferos – também podem se esgotar com inesperada rapidez.

Com um horizonte de tempo bastante longo, nem minas nem lixões são o fim da história. Os grandes ciclos geológicos da Terra continuam movendo materiais, abrindo e fechando mares, erguendo e desgastando montanhas. Daqui a milênios, tudo que for colocado em um lixão estará no topo de uma montanha ou nas profundezas dos oceanos. Novos depósitos de metais e combustíveis se formarão. No planeta Terra não há "nuvens" de sistema, nem limites definitivos. Mesmo nuvens reais no céu fazem parte de um ciclo hidrológico. Tudo que é físico vem de algum lugar, tudo vai para algum lugar, tudo continua em movimento.

Isso não quer dizer que todo modelo, seja ele mental ou computacional, tenha que seguir cada conexão até incluir todo o planeta. As nuvens são uma parte necessária dos modelos que descrevem fluxos metafísicos. A raiva "sai de uma nuvem", assim como o amor, o ódio, a autoestima e assim por diante. Se quisermos entender algo, temos que simplificar, o que significa que teremos de estabelecer limites. Muitas vezes é a coisa mais segura a fazer. Não é um problema, por exemplo, pensar em populações – com nascimentos e mortes – como vindo de nuvens e indo para nuvens. Como mostra a figura 48.

Figura 48. Mais nuvens.

A figura 48 mostra os limites reais do "do berço ao túmulo". Mesmo esses limites seriam inúteis, no entanto, se a população em foco vivenciasse uma emigração ou imigração significativa, ou se houvesse uma limitação de espaço no cemitério.

A lição dos limites é difícil até mesmo para pensadores sistêmicos. Não existe um limite único e legítimo a ser traçado em torno de um sistema. Temos que inventar limites em favor da clareza e da sanidade; e limites podem gerar problemas se esquecermos que os criamos artificialmente.

Quando se traçam limites muito estreitos, o sistema surpreende. Se você tentar lidar, por exemplo, com problemas de tráfego urbano sem pensar em padrões habitacionais, construirá vias que vão atrair conjuntos residenciais ao longo de seu trajeto – conjuntos cujos moradores colocarão mais veículos nas vias, que acabarão tão congestionadas quanto antes.

> *Não há sistemas separados. O mundo é um continuum.*
> *Traçar um limite em torno de um sistema,*
> *portanto, depende do propósito da discussão –*
> *das perguntas que desejamos fazer.*

Se você tentar resolver um problema de esgoto jogando o lixo em um rio, as cidades a jusante desse rio logo deixarão claro que os limites para a planificação de um esgoto deverão incluir o rio inteiro. Também podem ter que incluir o solo e as águas subterrâneas nos arredores do rio. É provável que não precisarão incluir a bacia hidrográfica vizinha nem o ciclo hidrológico planetário.

O planejamento de um parque nacional costumava se circunscrever aos seus limites físicos. Mas as fronteiras dos parques pelo mundo são atravessadas por povos nômades, pela migração da vida selvagem, pelas águas que fluem para dentro, para fora ou sob o parque, pelos efeitos do desenvolvimento econômico na orla do parque, pela chuva ácida e, atualmente, por mudanças climáticas provocadas pelos gases de efeito estufa existentes na atmosfera. Mesmo sem mudanças climáticas, a administração exige que você tenha em mente limites maiores que o perímetro oficial.

Os pensadores sistêmicos muitas vezes caem na armadilha oposta: tornam os limites amplos demais. Eles têm o hábito de produzir diagramas que cobrem várias páginas com letras pequenas e muitas setas conectando tudo com tudo. "Este é o sistema!", dizem eles. E se você pensa em algo menor, você é considerado academicamente ilegítimo.

Esse jogo de "meu modelo é maior que o seu" produz pilhas de informações e análises bem complicadas, que só servem para obscurecer as respostas às perguntas em questão. Modelar o clima da Terra em detalhes completos, por exemplo, é interessante por muitas razões, mas pode não ser necessário para descobrir como reduzir as emissões de CO^2 de um país, de modo a reduzir as mudanças climáticas.

O limite certo para pensarmos sobre um problema raras vezes coincide com o limite de uma disciplina acadêmica ou um limite político. Os rios formam fronteiras úteis entre países, mas as piores fronteiras possíveis para se gerenciar a quantidade e a qualidade da água. O ar é ainda pior, com sua insistência em cruzar fronteiras políticas. Fronteiras nacionais não significam nada quando tratamos da destruição do ozônio da estratosfera, dos gases de efeito estufa na atmosfera ou de despejos nos oceanos.

O ideal seria termos flexibilidade mental para encontrar limites apropriados a cada novo problema. Raramente somos tão flexíveis, pois nos apegamos a limites familiares à mente. Pense em quantas discussões têm a ver com fronteiras – nacionais, comerciais, étnicas, fronteiras entre responsabilidades pública e privada. E ainda: fronteiras entre ricos e pobres, poluidores e poluídos, pessoas vivas hoje e pessoas que virão. As universidades podem manter, durante anos, disputas a respeito das fronteiras entre economia e governo, arte e história da arte, literatura e crítica literária. As universidades são, muitas vezes, monumentos vivos à rigidez dos limites.

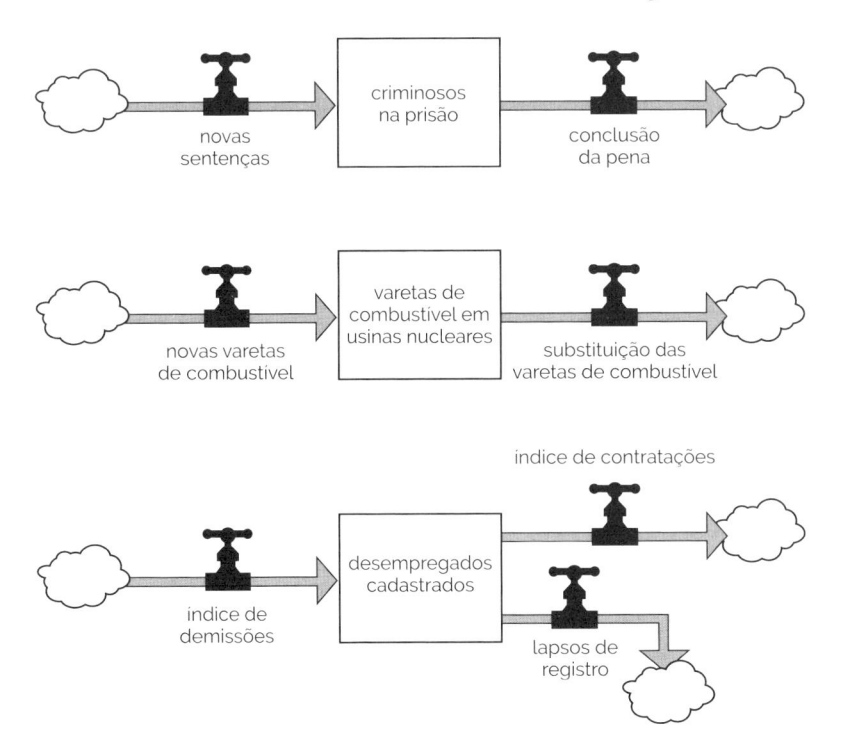

Figura 49. Exemplos de mais nuvens. Estes são sistemas nos quais um limite ou uma nuvem não devem impedir que você pense além das fronteiras. Ao contrário, devem motivá-lo justamente a ultrapassá-las. O que está impulsionando a oferta de pessoas que recebem novas sentenças? Para onde vão as varetas de combustível após a substituição? O que acontece a um desempregado cujo registro de desemprego caducou?

É uma grande arte lembrar que *os limites são criados por nós mesmos e que podem e devem ser reconsiderados a cada nova discussão, problema ou propósito*. É um desafio permanecer criativo o suficiente para eliminar os limites que funcionaram para o último problema e encontrar o conjunto de limites mais apropriado para a pergunta seguinte. É também uma necessidade para a boa resolução dos problemas.

Camadas de limites

Os sistemas nos surpreendem porque a mente gosta de pensar em causas únicas que produzam efeitos únicos. Gostamos de pensar em uma ou no máximo poucas coisas de cada vez. E não gostamos – sobretudo quando planos e desejos estão envolvidos – de pensar sobre limites.

Mas vivemos em um mundo em que muitas causas se juntam para produzir muitos efeitos. Múltiplas entradas produzem múltiplas saídas. E quase todas as entradas e, portanto, quase todas as saídas, são limitadas. Por exemplo, um processo industrial precisa de:

- capital
- trabalho
- energia
- matéria-prima
- terra
- água
- tecnologia
- crédito
- seguro
- clientes
- boa gestão
- infraestrutura com financiamentos públicos e serviços governamentais (como polícia, proteção contra incêndio e educação para gestores e trabalhadores)
- famílias funcionais para criar e cuidar de futuros produtores e consumidores

- ecossistema saudável para proporcionar ou apoiar todos esses insumos e absorver ou remover seus resíduos

Um lote de grãos em crescimento precisa de:

- luz solar
- ar
- água
- nitrogênio
- fósforo
- potássio
- dezenas de nutrientes secundários
- solo friável com serviços de uma comunidade microbiana
- sistema para controlar ervas daninhas e pragas
- proteção contra resíduos do fabricante industrial

Foi com relação aos grãos que Justus von Liebig formulou a famosa "lei do mínimo". Não importa quanto nitrogênio está disponível para o grão, disse ele, se o que falta é fósforo. Não adianta colocar mais fósforo se o problema for baixo nível de potássio.

O pão não cresce sem fermento, por mais farinha que tenha. As crianças não se desenvolvem sem proteína, não importa quantos carboidratos comam. As empresas não podem funcionar sem energia, não importa quantos clientes existam – ou sem clientes, não importa quanta energia tenham.

Esse conceito de fator limitante é muito mal compreendido. Os agrônomos presumem, por exemplo, que saberão o que colocar no fertilizante artificial por terem identificado muitos dos nutrientes principais e secundários em um bom solo. Haverá nutrientes essenciais que não identificaram? Como os fertilizantes artificiais afetarão as comunidades de micróbios do solo? Será que vão interferir e, portanto, limitar quaisquer outras funções em um solo bom? E o que limita a produção de fertilizantes artificiais?

> *Em qualquer dado momento, o fluxo de entrada mais importante para um sistema é também o mais limitante.*

Os países ricos transferem capital ou tecnologia para os países pobres e se perguntam por que as economias dos mais pobres não se desenvolvem, sem nunca pensar que capital ou tecnologia podem não ser os maiores limitadores.

A economia evoluiu numa época em que o trabalho e o capital eram os fatores limitantes mais comuns à produção. Portanto, a maioria das funções da produção econômica acompanha apenas esses dois fatores (às vezes também a tecnologia). À medida que a economia cresce em relação ao ecossistema, no entanto, e os fatores limitantes passam a ser água limpa, ar puro, espaço para despejos, para além de energia e matérias-primas aceitáveis, o foco tradicional em capital e trabalho torna-se cada vez mais inútil.

Um dos modelos clássicos ensinados aos estudantes de sistemas no MIT é o de crescimento corporativo idealizado por Jay Forrester. Tudo começa com uma empresa jovem e bem-sucedida crescendo rapidamente. Um grande problema para essa empresa é reconhecer e lidar com os limites que mudam em resposta a seu próprio crescimento.

A empresa pode contratar vendedores tão bons que a fábrica não consegue acompanhar a rapidez de seus pedidos. Atrasos nas entregas se acumulam e clientes são perdidos, pois o maior fator limitante é a capacidade de produção. Diante disso, os administradores expandem o estoque de capital das unidades de produção. Novas pessoas são contratadas às pressas e recebem pouco treinamento. A qualidade é prejudicada e clientes são perdidos, pois a destreza no trabalho é o maior fator limitante. Os administradores investem então na formação de trabalhadores. A qualidade do trabalho melhora e novos pedidos chegam. Mas o sistema de atendimento aos pedidos e a manutenção de registros ficam obstruídos. E assim por diante.

Existem camadas de limites em torno de cada fábrica, cada criança, cada epidemia, cada novo produto, avanço tecnológico, empresa, cidade, economia e população. Assim, não basta apenas identificar o fator limitante; é preciso entender que *o próprio crescimento esgota ou aumenta os limites*, modificando o que é limitado. A interação entre uma planta em crescimento e o solo, uma empresa em crescimento e seu mercado, uma economia em crescimento e sua base de recursos é dinâmica. Sempre que um fator deixa de ser limitante, ocorre um crescimento que muda a relativa escassez de fatores. Até que outro fator se torna limitante. Deslocar a atenção dos fatores abundantes para o próximo fator limitante é obter uma compreensão real e, portanto, um controle sobre o processo de crescimento.

Qualquer entidade física com múltiplas entradas e saídas – uma população, um processo de produção, uma economia – é cercada por camadas de limites, que, por sua vez, são afetadas pelo desenvolvimento do sistema. A entidade em crescimento e seu ambiente limitado juntos formam um sistema dinâmico coevolutivo.

Entender as camadas de limites e ficar de olho no próximo fator limitante, porém, não é a receita do crescimento perpétuo. Para qualquer entidade física em um ambiente finito, o crescimento perpétuo é impossível. Em última análise, a escolha não é crescer para sempre, mas decidir em quais limites viver. Se uma empresa produz uma mercadoria perfeita a preço acessível, será soterrada com pedidos e crescerá até que algum limite reduza a perfeição do produto ou aumente seu preço. Se uma cidade atende às necessidades de seus habitantes melhor que qualquer outra, muitas pessoas se deslocarão para lá até que algum limite reduza a capacidade de satisfazê-las.[6]

Qualquer entidade física com múltiplos inputs *e* outputs *é cercada por camadas de limites.*

Sempre haverá limites para o crescimento. Se não forem autoimpostos, serão impostos pelo sistema. Nenhuma entidade física pode crescer para sempre. Se os gerentes de empresas, governos municipais ou mesmo a população não selecionarem e impuserem limites de modo a manter o crescimento dentro da capacidade do ambiente de apoio, o ambiente fará isso.

Sempre haverá limites para o crescimento. Se não forem autoimpostos, serão impostos pelo sistema.

Atrasos onipresentes

Percebo, com medo, que minha impaciência com relação ao restabelecimento da democracia tinha algo de quase comunista; ou, mais genericamente, algo de racionalista. Eu queria fazer a história avançar do mesmo modo que uma criança puxa uma planta para fazê-la crescer mais rápido. Creio que devemos aprender a esperar do mesmo modo que aprendemos a criar. Temos que semear com paciência as sementes, regar com assiduidade a terra onde foram semeadas e dar às plantas o tempo que lhes é devido. Não podemos enganar uma planta assim como não podemos enganar a história.
– Václav Havel,[7] dramaturgo, último presidente da Tchecoslováquia e primeiro presidente da República Tcheca.

Leva tempo para que uma planta, uma floresta ou uma democracia cresça; leva tempo para que as cartas colocadas em uma caixa de correio cheguem a seu destino; leva tempo para que os consumidores absorvam informações sobre mudanças de preços e alterem hábitos de compra, para que uma usina nuclear seja construída, para que uma máquina se desgaste ou para que uma nova tecnologia se instale em uma economia.

Ficamos surpresos, repetidas vezes, com o tempo que as coisas demoram para acontecer. Jay Forrester costumava recomendar – quando estávamos modelando um atraso numa construção ou em um processamento – que perguntássemos a todos os envolvidos com o sistema quanto tempo achavam que o trabalho atrasaria; depois, que escolhêssemos o palpite mais pessimista e o multiplicássemos por três. (Esse fator de correção também funciona, descobri, para estimar o tempo que se leva para escrever um livro.)

Os atrasos são onipresentes nos sistemas. Cada estoque é um atraso. A maioria dos fluxos tem atrasos – de envio, de percepção, de processamento, de maturação. Eis a seguir exemplos de atrasos que achamos importante incluir em modelos que fizemos:

- O atraso entre contrairmos uma doença infecciosa e ficarmos doentes o bastante para a doença ser diagnosticada – dias a anos, dependendo da doença.
- O atraso entre a emissão de poluição e a difusão, percolação ou concentração do poluente no ecossistema até o ponto em que causa dano.
- O atraso de gestação e maturação na formação de populações reprodutoras de animais ou plantas, que provoca oscilações características nos preços das *commodities*: ciclos de quatro anos para porcos, sete anos para vacas, 11 anos para cacau.[8]
- O atraso na mudança das normas sociais para o tamanho desejável da família – pelo menos uma geração.
- O atraso no reequipamento de um fluxo de produção e o atraso no giro de um estoque de capital. Projetar um carro novo e trazê-lo para o mercado leva de três a oito anos. Um modelo recém-fabricado pode ter cinco anos de vida no mercado de carros novos. Os automóveis permanecem em uso de 10 a 15 anos, em média.

Assim como os limites adequados para traçar a imagem de um sistema dependem do propósito da discussão, os atrasos importantes também dependem. Se você estiver se preocupando com oscilações que levam semanas, não precisará pensar em atrasos que levam minutos ou anos. Se estiver preocupado com o aumento de uma população ou o desenvolvimento de uma economia – que levam décadas – poderá ignorar oscilações que levam semanas. O mundo espreita, grasna, estrondeia e troveja em muitas frequências ao mesmo tempo. O que poderá constituir um atraso significativo dependerá – de modo geral – de qual conjunto de frequências você está tentando entender.

O zoológico de sistemas já demonstrou como atrasos no feedback são importantes para o comportamento dos sistemas. Alterar a duração de um atraso pode mudar por completo esse comportamento. Os atrasos costumam ser pontos de alavancagem sensíveis para uma política, caso possam ser encurtados ou aumentados. É possível ver por que isso acontece. Se um ponto de decisão num sistema (ou uma pessoa que trabalha nessa parte do sistema) estiver respondendo a informações atrasadas ou respondendo com atraso, as decisões serão imprecisas; e as ações serão excessivas ou insuficientes para atingir os objetivos de quem tomará a decisão. Mas se a ação for rápida demais, pode ampliar nervosamente a variação de curto prazo e criar uma instabilidade desnecessária. Os atrasos determinam a rapidez da reação dos sistemas, a precisão em atingir os alvos e a pontualidade ao passar informações. Excessos, oscilações e colapsos são sempre causados por atrasos.

Compreender atrasos ajuda a entender como Mikhail Gorbachev conseguiu transformar quase da noite para o dia o sistema de informações da União Soviética, mas não a economia física (que leva décadas). Ajuda a entender por que a incorporação da Alemanha Oriental pela Alemanha Ocidental produziu mais dificuldades e por mais tempo do que os políticos previam. Por conta dos longos atrasos na construção de novas usinas, o setor elétrico é atormentado por ciclos de excesso de capacidade e falta de capacidade, o que provoca apagões. Em função das décadas que os oceanos levam para reagir a temperaturas mais quentes, as emissões humanas de combustíveis fósseis já produziram mudanças climáticas que não serão plenamente conhecidas por uma ou duas gerações.

Quando há longos atrasos nos ciclos de feedback, algum tipo de previsão é fundamental. Agir somente quando um problema se torna óbvio é perder uma importante oportunidade de resolvê-lo.

Racionalidade limitada

> *Todos os indivíduos se esforçam o máximo possível para empregar seu capital no apoio à indústria doméstica e direcioná-la para que a produção adquira maior valor. Eles não pretendem, de fato, promover o interesse público, nem sabem o quanto o estão promovendo. Almejam a própria segurança; almejam apenas o próprio ganho e fazem isso conduzidos por uma mão invisível, para promover uma finalidade que não fazia parte de suas intenções. Ao perseguir o próprio interesse, promovem o da sociedade, e com mais eficácia do que quando pretendem de fato promovê-lo.*
> – ADAM SMITH,[9] economista político do século XVIII

Seria muito bom se a "mão invisível" do mercado levasse os indivíduos a tomar decisões que se somassem ao bem comum. Então, o egoísmo material passaria a ser uma virtude social e os modelos matemáticos da economia seriam muito mais fáceis de fazer. Não seria necessário pensar no bem das outras pessoas nem nas operações de complexos sistemas de feedback. Não é de admirar que o modelo de Adam Smith tenha um apelo tão forte há 200 anos.

Infelizmente, o mundo nos apresenta vários exemplos de pessoas agindo racionalmente em seus melhores interesses de curto prazo e produzindo resultados agregados dos quais ninguém gosta. Turistas se aglomeram em lugares como Waikiki ou Zermatt e depois reclamam que esses lugares foram arruinados por turistas. Proprietários rurais produzem excedentes de trigo, manteiga ou queijo, e os preços despencam. Pescadores pescam demais e destroem o próprio sustento. Corporações tomam decisões de investimento que causam retrações nos negócios. Pessoas pobres têm mais filhos do que podem sustentar.

Por quê?

Por causa do que Herman Daly, economista do Banco Mundial, chama de "pé invisível", ou do que Herbert Simon, economista ganhador do Prêmio Nobel, chama de racionalidade limitada.[10]

Racionalidade limitada significa que as pessoas tomam decisões bastante razoáveis com base nas informações que têm, mas não dispõem de informações perfeitas, principalmente sobre as partes mais distantes do sistema. Os pescadores não sabem quantos peixes existem, muito menos quantos serão capturados por outros pescadores naquele mesmo dia.

Os empresários não sabem ao certo como outros empresários estão planejando investir nem o que os consumidores estarão dispostos a comprar e muito menos como seus produtos se comportarão no mercado. Não conhecem sua participação nem o tamanho do mercado, para dizer a verdade. As informações que têm são incompletas e atrasadas, assim como as próprias respostas. Portanto, investem de menos ou de mais.

Não somos investidores oniscientes e racionais, diz Simon. Tentando satisfazer nossas necessidades adequadamente antes de passar para a próxima decisão, cometemos um erro de "satisfação" e nos tornamos "satisficientes".[11] Fazemos o melhor para atender aos nossos interesses imediatos, mas levamos em conta apenas o que sabemos. Não sabemos o que os outros estão planejando fazer, até que o façam. Raras vezes enxergamos toda a gama de possibilidades diante de nós. Muitas vezes não prevemos (ou optamos por ignorar) os impactos de nossas ações em todo o sistema. Então, em vez de encontrar uma ótima solução a longo prazo, descobrimos, dentro de um limitado alcance, uma escolha com a qual podemos conviver por algum tempo e a ela nos apegamos. Mudamos o comportamento somente quando somos forçados a isso.

Não interpretamos de modo perfeito as informações imperfeitas que temos, dizem os cientistas comportamentais. Percebemos mal os riscos, assumindo que algumas coisas são muito mais perigosas do que de fato são e outras muito menos. Vivemos em um presente exagerado – prestamos muita atenção na experiência recente e pouca atenção no passado, concentrando-nos nos eventos atuais em vez do comportamento de longo prazo. Descontamos o futuro a taxas que não fazem sentido econômico ou ecológico. Não damos a todos os sinais de entrada os pesos adequados. Ignoramos notícias que não nos agradam e informações que não se encaixam em nossos modelos mentais. Isso quer dizer que não tomamos decisões que nos beneficiariam, muito menos decisões que beneficiariam o sistema.

Quando a teoria da racionalidade limitada desafiou 200 anos de economia fundamentada nos ensinamentos de Adam Smith, é possível imaginar a controvérsia resultante – e está longe de terminar. A teoria econômica derivada de Adam Smith presume, em primeiro lugar, que o *homo economicus* age com precisão perfeita caso disponha de informações completas; e em segundo que, quando muitos deles o fazem, suas ações se somam e produzem o melhor resultado possível para todos.

Nenhuma dessas suposições resiste aos fatos por muito tempo. No próximo capítulo, sobre armadilhas e oportunidades do sistema, descreverei algumas das estruturas mais comuns que podem levar ao desastre a racionalidade limitada. Refiro-me a fenômenos familiares como vício, resistência política, corrida armamentista, desvio para um baixo desempenho e a tragédia dos comuns. Por enquanto, quero fazer apenas uma observação sobre a surpresa maior: a falta de compreensão da racionalidade limitada.

Suponha que você, por algum motivo, seja retirado de seu lugar habitual na sociedade e colocado na posição de alguém cujo comportamento nunca entendeu. Sempre foi um ferrenho crítico do governo e de repente se torna um integrante desse mesmo governo. Sempre foi um operário que se opunha à administração da empresa e se torna membro da diretoria (ou vice-versa). Ou talvez, tendo sido um crítico ambiental das grandes empresas, você passe a tomar decisões ambientais para grandes empresas. Quem dera que tais transições acontecessem com muito mais frequência e em todas as direções, de modo a ampliar os horizontes de todos.

Em sua nova posição, você vivencia os fluxos de informação, os incentivos, os desincentivos, as metas, as discrepâncias e as pressões – a racionalidade limitada – que acompanham essa posição. É possível que, lembrando-se de como as coisas pareciam antes, você introduza inovações que transformam o sistema. Mas é improvável. Se você se tornar gestor, deixará de ver a mão de obra como um parceiro de valor na produção e passará a vê-la como um custo a ser minimizado. Caso se torne um investidor, aplicará de mais durante os booms e de menos durante os colapsos, junto com os outros investidores. Se empobrecer, verá a racionalidade de curto prazo, como a necessidade de ter muitos filhos. Se você for um pescador com o barco hipotecado, uma família para sustentar e um conhecimento imperfeito da população de peixes, pescará demais.

Ensinamos esse ponto por meio de jogos nos quais os alunos são colocados em situações em que experimentam fluxos de informações parciais e realistas enfrentados por diversas pessoas em sistema real. Como pescadores simulados, pescam demais. Como ministros de nações em desenvolvimento simuladas, favorecem as necessidades das indústrias em detrimento das necessidades do povo. Como classe alta, acumulam dinheiro; como classe baixa, tornam-se apáticos ou rebeldes. Você reagiria da mesma forma. Na famosa experiência da prisão realizada pelo psicólogo Philip Zimbardo em Stanford, os alunos até assumiram, em tempo bem curto, atitudes e comportamentos dos prisioneiros e dos guardas prisionais.[12]

Observar como as decisões individuais são racionais dentro dos limites das informações disponíveis não justifica um comportamento tacanho, mas fornece uma compreensão de como esse comportamento surge. Nos limites do que uma pessoa pode ver e saber em determinada parte do sistema, o comportamento é razoável. Tirar um indivíduo de uma posição de racionalidade limitada e substituí-lo por outro não fará muita diferença. Culpar o indivíduo não ajuda a criar um resultado mais desejável.

A mudança ocorre, em primeiro lugar, quando alguém relega as informações limitadas – que podem ser vistas de qualquer lugar no sistema – e procura obter uma visão geral. De uma perspectiva mais ampla, fluxos de informação, metas, incentivos e desincentivos podem ser reestruturados para que ações separadas, limitadas e racionais produzam os resultados que todos almejam.

É incrível como mudanças de comportamento podem ocorrer com rapidez e facilidade apenas com um leve aumento da racionalidade limitada, capaz de oferecer informações melhores, mais completas e mais oportunas.

INTERLÚDIO
Medidores elétricos em casas holandesas

Próximo a Amsterdã, há um subúrbio de casas unifamiliares que foram construídas ao mesmo tempo, todas iguais. Quer dizer, quase iguais. Em algumas delas, por razões desconhecidas, o medidor de eletricidade foi instalado no porão. Em outras, no hall de entrada.

Os medidores têm uma redoma de vidro contendo uma

pequena roda horizontal de metal. Quanto mais eletricidade a casa consome, mais rápido a roda gira. Um mostrador soma os quilowatts-hora acumulados.

Durante o embargo do petróleo e a crise energética do início da década de 1970, os holandeses começaram a prestar muita atenção no uso de energia. Descobriu-se então que algumas das casas mencionadas gastavam um terço a menos de eletricidade do que as outras. Ninguém conseguia explicar o fato. Todas as casas pagavam o mesmo valor pela eletricidade, todas abrigavam famílias semelhantes.

A diferença, descobriu-se, estava no local do medidor. As famílias com alto consumo de energia eram as que tinham o medidor no porão, onde as pessoas raramente o viam. As que consumiam menos energia eram as que tinham o medidor no hall de entrada, por onde as pessoas passavam muitas vezes e viam a soma da conta de luz.[13]

Alguns sistemas são estruturados para funcionar bem apesar da racionalidade limitada. O certo chega ao lugar certo na hora certa. Em circunstâncias normais, o fígado obtém as informações de que precisa para fazer seu trabalho. Em ecossistemas não perturbados e culturas tradicionais, o indivíduo médio, a espécie ou a população, deixados à própria sorte, comportam-se de forma a servir e estabilizar o todo. Esses sistemas e outros semelhantes são autorreguladores. Não causam problemas. Não existem agências governamentais nem dezenas de políticas fracassadas atuando sobre eles.

Desde Adam Smith, acredita-se que o mercado livre e competitivo é um desses sistemas autorreguladores bem estruturados. De certa forma, é. De outras formas, bastante óbvias para quem estiver disposto a observar, não é. Um mercado livre permite que produtores e consumidores, com as melhores informações sobre oportunidades de produção e escolhas de consumo, tomem decisões espontâneas e racionais. Mas essas decisões não podem, por si sós, corrigir a tendência geral do sistema a criar monopólios e efeitos colaterais indesejáveis (externalidades), assim como a discriminar os pobres ou ultrapassar sua capacidade de suporte sustentável.

Parafraseando a famosa Oração da Serenidade: Deus nos conceda serenidade para exercer livremente nossa racionalidade limitada nos sistemas que são estruturados de modo adequado, coragem para reestruturar os que não são e sabedoria para saber a diferença.

A racionalidade limitada de cada agente em um sistema – determinada por informações, incentivos, desincentivos, objetivos, tensões e restrições impostas a esse agente – pode ou não levar a decisões que promovam o bem-estar do sistema como um todo. Caso isso não aconteça, trocar os agentes não melhorará o desempenho do sistema. O que se faz necessário é reprogramar o sistema, de modo a melhorar informações, incentivos, desincentivos, metas, estresses e restrições que afetam agentes específicos.

A racionalidade limitada de cada agente em um sistema pode não levar a decisões que promovam o bem-estar do sistema.

5
Armadilhas e oportunidades dos sistemas

> *As elites racionais sabem tudo o que há para saber sobre os mundos técnicos e científicos, mas carecem de uma perspectiva mais ampla. Essas elites variam de quadros marxistas a jesuítas, de MBAs de Harvard a oficiais do Exército. Têm uma preocupação comum subjacente: como fazer funcionar seu próprio sistema. Enquanto isso, a civilização torna-se cada vez mais incompreensível e sem direção.*
> – JOHN RALSTON SAUL,[1] cientista político

Atrasos, não linearidades, falta de limites firmes e outras propriedades surpreendentes dos sistemas são encontradas em qualquer sistema. Em geral, não são propriedades que possam ou devam ser alteradas. O mundo não é linear. Tentar torná-lo linear para nossa conveniência matemática ou administrativa não é boa ideia, mesmo quando viável, e raras vezes é viável. Os limites são evanescentes e confusos, dependem do problema; mas são necessários à organização e à clareza. Ser menos surpreendido por sistemas complexos é uma questão de aprender a esperar, avaliar e usar a complexidade do mundo.

Alguns sistemas são mais do que surpreendentes. São perversos, pois foram estruturados de modo a produzir um comportamento de fato problemático; e nos causam grandes problemas. Existem muitos tipos de problemas nos sistemas, alguns únicos, mas muitos notavelmente comuns. Chamamos de arquétipos essas estruturas do sistema que produzem padrões comuns de comportamento problemático. Alguns dos comportamentos exibidos por esses arquétipos são vícios, desvio para baixo desempenho e escalada. São tão comuns que não tive nenhuma dificuldade para encontrar em apenas uma semana, no *International Herald Tribune*, exemplos suficientes para ilustrar cada um dos arquétipos descritos neste capítulo.

Compreender as estruturas arquetípicas geradoras de problemas não é suficiente. Suportá-las é impossível. Precisam ser mudadas. A destruição que causam costuma ser atribuída a agentes ou eventos específicos, embora seja uma consequência da estrutura do sistema. Culpar, disciplinar, demitir, torcer com mais força as alavancas das políticas, esperar uma sequência mais favorável de eventos motivadores, modificar os limites – essas respostas-padrão não resolverão problemas estruturais. É por isso que chamo esses arquétipos de "armadilhas".

As armadilhas do sistema podem ser evitadas – se nós as reconhecermos com antecipação, não formos apanhados nelas ou lhes alterarmos a estrutura – reformulando metas, enfraquecendo, fortalecendo ou modificando ciclos de feedback ou adicionando novos ciclos de feedback. É por isso que chamo esses arquétipos não apenas de armadilhas, mas de oportunidades.

Resistência à política – correções que falham

> *"Acho que os incentivos fiscais para investimentos têm uma boa história como estímulos econômicos eficazes", disse Joseph W. Duncan, economista-chefe da Dun & Bradstreet Corp.*
> *Mas os céticos são numerosos. Dizem que ninguém pode provar qualquer benefício para o crescimento econômico proveniente de incentivos fiscais, os quais têm sido concedidos, alterados e revogados repetidamente nos últimos 30 anos.*
> – JOHN H. CUSHMAN JR.,
> *International Herald Tribune*, 1992[2]

Como vimos no Capítulo 2, o principal sintoma da estrutura de um ciclo de feedback de equilíbrio é que nada muda muito, apesar das forças externas que afetam o sistema. Os ciclos de equilíbrio estabilizam os sistemas, padrões de comportamento permanecem. Trata-se de uma ótima estrutura caso você esteja tentando manter a temperatura corporal em 37°C, mas alguns padrões de comportamento que persistem por longos períodos são indesejáveis. Apesar dos esforços investidos na busca de "correções" tecnológicas ou políticas, o sistema parece estar emperrado, seguindo o mesmo comportamento todos os anos. Essa é a armadilha sistêmica das "correções que falham" ou da "resistência política". Vemos isso quando programas agrícolas tentam, ano após ano, reduzir excessos, mas a superprodução permanece. Guerras são feitas contra as drogas e as drogas se tornam mais prevalentes que nunca. Há poucas evidências de que créditos fiscais de investimento e outras políticas destinadas a estimular investimentos, quando o mercado não os está remunerando, funcionam de fato. Nenhuma política, por si só, reduziu os custos dos sistemas de saúde nos Estados Unidos. Décadas de "criação de empregos" não conseguiram manter o desemprego permanentemente baixo. Você mesmo pode citar uma dezena de outras áreas em que esforços enérgicos não produziram resultados.

A resistência política advém da racionalidade limitada dos atores em um sistema, cada qual com seus objetivos. Cada agente monitora o estado do sistema em relação a alguma variável importante – renda, preços, moradia, investimentos, drogas – e compara o resultado com seu objetivo. Se houver discrepância, faz alguma coisa para corrigir a situação. Quanto maior a discrepância entre o objetivo e a situação real, mais enfática será a ação.

Essa resistência a mudanças surge quando os objetivos dos subsistemas são diferentes e inconsistentes entre si. Imagine um estoque de sistema único – fornecimento de drogas nas ruas da cidade, por exemplo – com vários agentes tentando puxar esse estoque em diferentes direções. Os viciados querem mantê-lo alto, as agências de fiscalização querem mantê-lo baixo, os traficantes querem mantê-lo na metade para que os preços não sejam muito altos nem muito baixos. O cidadão médio só quer permanecer a salvo de viciados tentando conseguir dinheiro para comprar drogas. Todos os agentes trabalham duro para alcançar diferentes objetivos.

Se um dos agentes adquire uma vantagem e move o estoque do sistema (oferta de drogas) em uma direção (os órgãos de fiscalização conseguem cortar a importação de drogas na fronteira), os outros dobram os esforços para recuperá-lo (os preços nas ruas sobem, os viciados precisam praticar mais crimes para adquirir doses diárias, os fornecedores obtêm mais lucros e os usam para comprar aviões e barcos de modo a fugir das patrulhas fronteiriças). Juntos, os contramovimentos produzem um impasse e o estoque não é muito diferente de antes; e isso é o que ninguém quer.

Em um sistema resistente a políticas, com os agentes puxando em direções diferentes, todos se esforçam muito, mas o sistema se mantém onde ninguém quer que ele esteja. Se um único agente desistir, os outros arrastarão o sistema para mais perto de seus objetivos e para mais longe do objetivo daquele que saiu. Na verdade, a estrutura do sistema pode operar em modo catraca: a intensificação do esforço de qualquer um leva à intensificação do esforço de todos os outros. É difícil reduzir a intensificação. É preciso muita confiança mútua para alguém dizer: "Tudo bem, por que não recuamos um pouco?"

Os resultados da resistência política podem ser trágicos. Em 1967, o governo da Romênia concluiu que o país precisava de mais pessoas e que a maneira de alcançar esse objetivo era tornar ilegais os abortos de mulheres com menos de 45 anos. Abortos foram abruptamente proibidos. Pouco tempo depois, a taxa de natalidade triplicou. Teve início então a resistência política do povo romeno.

Embora anticoncepcionais e abortos permanecessem ilegais, a taxa de natalidade aos poucos caiu quase ao nível anterior. Esse resultado foi alcançado por meio de abortos ilegais e perigosos, que triplicaram a taxa de mortalidade materna. Muitas das crianças indesejadas, que nasceram quando os abortos eram ilegais, foram abandonadas em orfanatos. As famílias romenas eram pobres demais para criar com decência os muitos filhos que o governo desejava, e tinham conhecimento disso. Assim, resistiram à pressão estatal para formar famílias maiores, com grande custo para elas mesmas e para a geração de crianças que cresceu em orfanatos.

Uma forma de lidar com a resistência política é tentar dominá-la. Se você tiver poder suficiente e conseguir mantê-lo, talvez arranje um meio de fazer funcionar à custa de ressentimento monumental e da possibilidade de consequências explosivas caso o poder diminua. Foi o que aconteceu com o formulador da política populacional romena, o ditador Nicolae Ceausescu, que por muito tempo tentou dominar os opositores. Quando o derrubaram, Ceausescu foi executado junto com a família. A primeira lei que o novo governo revogou foi a proibição do aborto e da contracepção.

A alternativa para dominar a resistência política é tão pouco intuitiva que normalmente é impensável. É como ensina o dito popular: "Deixa pra lá." Desista de políticas ineficazes. Permita que os recursos e a energia gastos tanto na imposição quanto na resistência sejam usados para propósitos mais construtivos. Você não conseguirá o que quer com o sistema, mas ele não irá tão longe quanto você pensa, porque grande parte da ação que você estava tentando corrigir foi em resposta à sua própria ação. Se você relaxar, aqueles que estão resistindo também relaxarão. Foi o que ocorreu em 1933, com o fim da Lei Seca nos Estados Unidos: os problemas causados pelo álcool diminuíram de modo significativo.

Esse relaxamento pode propiciar a oportunidade de um exame mais minucioso dos feedbacks dentro do sistema, a fim de compreender a racionalidade limitada subjacente a eles e atender os objetivos dos participantes do sistema enquanto move o estado do sistema a uma direção mais favorável.

Uma nação que deseja aumentar a taxa de natalidade pode perguntar por que as famílias estão tendo poucos filhos e descobrir que não é porque não gostem de crianças. Talvez não tenham recursos, espaço vital, tempo ou segurança para ter mais filhos. Ao mesmo tempo que a Romênia proibia o aborto, a Hungria se preocupava com a baixa taxa de natalidade – temendo uma desaceleração econômica por haver menos pessoas na força de trabalho. O governo húngaro acabou descobrindo que as famílias eram pouco numerosas porque, entre outras coisas, as habitações eram pequenas. Assim, o governo elaborou uma política que recompensava famílias maiores com mais espaço vital. O sucesso dessa política foi apenas parcial, pois a habitação não era o único problema. No entanto, foi muito mais bem-sucedida que a política da Romênia e evitou resultados desastrosos como os ocorridos no país vizinho.[3]

O modo mais eficaz de lidar com a resistência política é encontrar um meio de alinhar os vários objetivos dos subsistemas, em geral determinando um objetivo abrangente; isso permite que todos os agentes saiam de sua racionalidade limitada. Quando todos trabalham harmoniosamente em busca do mesmo resultado (com os ciclos de feedback servindo ao mesmo objetivo), os resultados podem ser surpreendentes. Os exemplos mais conhecidos da harmonização de objetivos são as mobilizações das economias durante um período de guerra ou desastre natural, e sua posterior recuperação.

Outro exemplo é a política populacional da Suécia durante a década de 1930, quando a taxa de natalidade do país caiu vertiginosamente e deixou o governo preocupado, mas ao contrário do que ocorreu na Romênia e na Hungria, o governo sueco avaliou seus objetivos e os da população e concluiu que havia uma base de acordo; não a respeito do tamanho da família, mas a respeito da qualidade dos cuidados infantis. Toda criança deveria ser desejada e bem tratada. Nenhuma criança deveria sofrer de carência material. Todas as crianças deveriam ter acesso a educação e cuidados de saúde em nível de excelência. Em torno desses objetivos, governo e povo poderiam se alinhar.

A política resultante parecia estranha durante uma época de baixa taxa de natalidade, porque incluía anticoncepcionais gratuitos e aborto – em função do princípio de que toda criança deveria ser desejada. A política também incluía educação sexual ampla, leis de divórcio mais fáceis, assistência obstétrica gratuita, apoio a famílias necessitadas e um investimento muito maior em educação e saúde.[4] Desde então, a taxa de natalidade sueca subiu e desceu várias vezes, sem provocar pânico em qualquer direção, pois a nação está focada em um objetivo muito mais importante que o número de suecos.

A harmonização de metas em um sistema nem sempre é possível, mas é uma opção que vale a pena procurar. Mas só pode ser encontrada se deixarmos de lado objetivos tacanhos e considerarmos o bem-estar a longo prazo de todo o sistema.

A ARMADILHA: A POLÍTICA DE RESISTÊNCIA

Quando vários atores tentam direcionar um estoque do sistema para objetivos diversos, o resultado pode ser resistência política. Qualquer política nova, sobretudo se for eficaz, afasta o estoque dos objetivos de outros agentes e cria resistência adicional, produzindo um resultado do qual ninguém gosta mas todos se esforçam para manter.

A SAÍDA

Relaxe. Reúna todos os agentes e use a energia gasta na resistência para buscar formas mutuamente satisfatórias, de modo que todos os objetivos sejam alcançados – ou objetivos maiores, que todos possam alcançar juntos, sejam redefinidos.

A tragédia dos comuns

Líderes da coalizão do chanceler Helmut Kohl, liderada pela União Democrata-Cristã, concordaram na semana passada com os oposicionistas social-democratas, após meses de disputas, em conter a enxurrada de imigrantes econômicos, endurecendo as condições para a solicitação de asilo.
– INTERNATIONAL HERALD TRIBUNE, 1992[5]

A armadilha conhecida como tragédia dos comuns ocorre quando há uma escalada, ou mesmo um crescimento simples, num ambiente compartilhado e sujeito a erosão.

O ecologista Garrett Hardin descreveu o sistema dos comuns em um artigo clássico de 1968. Como exemplo inicial, usou uma pastagem comum:

Imagine um pasto aberto a todos. É de esperar que cada pastor tente manter o máximo de gado possível nas terras comuns. Explícita ou implicitamente, mais ou menos com consciência, ele pergunta: "Qual é a utilidade de adicionar um animal ao meu rebanho?"

Uma vez que o pastor recebe todos os rendimentos da venda do animal adicional, a utilidade positiva é quase +1. Como, no entanto, os efeitos do pastoreio adicional são compartilhados por todos, a utilidade negativa para qualquer pastor que toma decisões em particular é apenas uma fração de –1.

O pastor racional conclui, então, que o único caminho sensato é adicionar o animal ao seu rebanho. E mais um; e mais outro. Porém essa é a conclusão a que chegam todos os pastores racionais que compartilham a pastagem comum. Eis então a tragédia. Cada qual está preso a um sistema que o obriga a aumentar o rebanho de forma ilimitada – em um mundo que é limitado. A ruína é o destino para onde todos correm, cada um perseguindo o próprio interesse.[6]

Racionalidade limitada, em suma.

Em qualquer sistema de compartilhamento existe, antes de tudo, um recurso compartilhado (no caso acima, o pasto). Para que o sistema esteja sujeito a uma tragédia, o recurso deve ser limitado e também erodível quando usado em demasia. Isso quer dizer que, além de algum limite, quanto menos recursos houver, menos ele será capaz de se regenerar, ou maior a probabilidade de ser destruído. Como há menos grama no pasto, as vacas comem até a base dos caules de onde cresce a grama nova. As raízes deixam de impedir que o solo seja levado pelas chuvas. Com menos solo, a qualidade da grama piora. E assim por diante. Outro ciclo de feedback de reforço deslizando ladeira abaixo.

Um sistema de bens comuns também precisa de usuários do recurso (vacas e seus donos), que têm boas razões para se expandir e se expandem a uma velocidade *que não é influenciada pela condição do bem comum*. O pastor individual não tem nenhuma razão, nenhum incentivo, nenhum feedback forte para permitir que a possibilidade de pastoreio adicional o impeça de adicionar outra vaca ao pasto comum. Ao contrário, tem tudo a ganhar.

O esperançoso imigrante na Alemanha não espera nada além de se beneficiar das generosas leis de asilo daquele país e não tem motivos para levar em consideração o fato de que imigrantes em excesso forçarão a Alemanha a endurecer suas leis. Na verdade, o fato de saber que a Alemanha está discutindo a possibilidade é mais uma razão para que ele se apresse.

A tragédia dos comuns decorre da *falta (ou do atraso excessivo) de feedback* do recurso ao aumento dos usuários desse recurso.

Quanto mais usuários houver, mais recursos serão usados. Quanto mais recursos forem usados, menos sobrarão para cada usuário. Se os usuários seguirem a racionalidade limitada dos bens comuns ("Não há razão para que *eu* seja o único a limitar minhas vacas"), não há razão para que nenhum deles diminua o uso. Até que a taxa de coleta exceda a capacidade do recurso para suportar a exploração. Como não há feedback para os usuários, a coleta excessiva continuará e o recurso será reduzido. Por fim, o ciclo de erosão entrará em cena, o recurso será destruído e todos os usuários serão arruinados.

Você poderia imaginar que nenhum grupo de pessoas pode ser tão míope a ponto de destruir seus bens comuns. Mas considere alguns exemplos banais de bens comuns que estão sendo levados, ou foram levados, ao desastre:

- O acesso descontrolado a um parque nacional popular pode atrair tanta gente que as belezas naturais são destruídas.
- O uso contínuo de combustíveis fósseis constitui uma vantagem imediata para todos, embora o dióxido de carbono emitido por esses combustíveis seja um gás de efeito estufa que provoca mudanças climáticas globais.
- Se cada família pode ter o número de filhos que quiser, mas a sociedade terá de arcar com os custos de educação, saúde e proteção ambiental, então essas crianças podem exceder a capacidade de a sociedade sustentá-las. (Este é o exemplo que levou Hardin a escrever o artigo.)

Esses exemplos têm a ver com a superexploração de recursos renováveis – uma estrutura que já vimos no zoológico de sistemas. A tragédia pode estar escondida no uso de recursos comuns e também no uso de escoadouros comuns, locais compartilhados onde a poluição pode ser despejada. Uma família, empresa ou nação pode reduzir seus custos, aumentar seus lucros ou crescer mais rápido se conseguir que toda a comunidade absorva ou trate seus resíduos. Assim, o trio poderá obter um grande ganho, convivendo com apenas uma fração de sua própria poluição (ou nenhuma, se puder despejar a jusante ou a favor do vento). Mas não há razão racional para que um poluidor desista. Nesses casos, o feedback que influencia a taxa de uso do recurso comum – seja uma fonte ou um escoadouro – é fraco.

Se você acha o raciocínio de um explorador dos bens comuns difícil de entender, pergunte a si mesmo se está disposto a pegar carona para reduzir a poluição do ar ou a limpar a sujeira que produzir. A estrutura de um sistema de bens comuns torna um comportamento egoísta muito mais conveniente e lucrativo que um comportamento que leve em conta a comunidade e o futuro.

Há três modos de evitar a tragédia dos comuns:

- *Educar e exortar.* Ajude as pessoas a se dar conta das consequências do uso irrestrito dos bens comuns. Apele para a sua moralidade. Tente convencê-las a ser moderadas. Ameace os transgressores com desaprovação social ou com o fogo eterno do inferno.
- *Privatizar os bens comuns.* Divida-os, para que cada indivíduo colha as consequências de suas próprias ações. Se alguns não tiverem autocontrole para permanecer abaixo da capacidade de seu recurso privado, produzirão danos apenas a si mesmos e não aos outros.
- *Regular os bens comuns.* Garrett Hardin chama essa opção, sem rodeios, de "coerção mútua, mutuamente acordada". A regulamentação pode assumir muitas formas, desde proibições diretas de certos comportamentos até cotas, permissões, impostos e incentivos. Para ser eficaz, deve ser aplicada com policiamento e penalidades.

A primeira dessas soluções – a exortação – tenta exercer pressão moral para manter o uso dos bens comuns baixo o suficiente para que o recurso não seja ameaçado. A segunda, a privatização, estabelece um feedback direto desde a condição do recurso até quem o utiliza, assegurando que ganhos e perdas recaiam sobre o mesmo usuário. O proprietário ainda pode abusar do recurso, mas terá que ser muito ignorante, ou irracional, para fazer isso. A terceira solução, a regulação, estabelece um feedback indireto desde a condição do recurso até os usuários, passando pelos reguladores. Para que este feedback funcione, os reguladores devem ter qualificações para monitorar e interpretar de forma correta a condição dos bens comuns e meios eficazes de dissuasão, além de ter sempre em mente o bem-estar de toda a comunidade. (Não podem ser desinformados, fracos, muito menos corruptos).

Algumas culturas "primitivas" administram recursos comuns com eficácia há gerações mediante educação e exortação. Garrett Hardin não acredita, no entanto, que seja uma opção confiável. Recursos comuns protegidos somente por tradições ou por um "sistema de honra" podem atrair indivíduos que não respeitam tradições ou não têm honra.

A privatização é mais confiável que a exortação, se a sociedade estiver disposta a deixar alguns indivíduos aprenderem do modo mais difícil. Mas muitos recursos, como a atmosfera e os peixes do mar, não podem ser privatizados. O que deixa a "coerção mútua, mutuamente acordada" como única opção.

A vida é cheia de arranjos de coerção mútua, muitos tão comuns que as pessoas mal pensam neles. Todos limitam a liberdade de abusar de um bem comum, enquanto preservam a liberdade de usá-lo. Por exemplo:

- O espaço comum no centro de um cruzamento movimentado é regulado por semáforos. Você não pode atravessá-lo sempre que quiser. Quando for a sua vez, porém, você poderá atravessar com mais segurança do que seria possível caso o cruzamento não tivesse um semáforo.
- As vagas de estacionamento em muitas cidades americanas são controladas por parquímetros, que cobram pelo uso e limitam o tempo de ocupação. Ninguém é livre para estacionar onde quiser pelo tempo que quiser, mas todos têm mais chances de encontrar uma vaga para estacionar do que teriam se os parquímetros não existissem.
- Você não pode usar à vontade o dinheiro de um banco, por mais vantajoso que seja. Dispositivos de proteção como caixas-fortes e cofres, reforçados por policiais e prisões, impedem que você trate um banco como um bem comum. Em troca, seu dinheiro no banco está protegido.
- Você não pode fazer transmissões à vontade nos comprimentos de onda que emitem sinais de rádio ou televisão. Para isso, deve obter a autorização de uma agência reguladora. Se a liberdade de transmissão não fosse limitada, as ondas de rádio seriam um caos de sinais sobrepostos.

- Muitos sistemas de coleta de lixo nos Estados Unidos se tornaram tão caros que as famílias são cobradas pelos descartes em função da quantidade que geram – o que transformou os vazadouros anteriores em um sistema regulamentado de pagamento conforme o uso.

Observe, a partir desses exemplos, como a "coerção mútua, mutuamente acordada" pode assumir diferentes formas. O semáforo distribui o acesso aos bens comuns em uma base de "agora é a sua vez". Os medidores cobram pelo uso do estacionamento comum. O banco usa barreiras físicas e penalidades severas. As licenças para usar frequências de transmissão são emitidas por uma agência governamental. E as taxas de lixo restauram diretamente o feedback perdido, obrigando cada família a sentir o impacto econômico do uso de bens comuns.

A maioria das pessoas cumpre os sistemas regulatórios, desde que eles sejam mutuamente acordados e seu propósito seja entendido. Mas todos os sistemas regulatórios devem usar o poder de polícia e as penalidades contra infratores eventuais.

A ARMADILHA: A TRAGÉDIA DOS COMUNS

Quando um recurso é compartilhado, cada usuário se beneficia de seu uso, mas compartilha os custos do uso excessivo com todos os demais. Portanto, o feedback da condição do recurso para alicerçar as decisões dos usuários é muito fraco. A consequência é o uso excessivo do recurso, que o corrói até que se torna indisponível para todos.

A SAÍDA

Educar e alertar os usuários, para que compreendam as consequências do uso excessivo do recurso. Além de restaurar ou fortalecer o feedback, seja privatizando o recurso, para que cada usuário sinta as consequências diretas do uso excessivo, seja (já que muitos recursos não podem ser privatizados) regulamentando o acesso dos usuários ao recurso.

Desvio para baixo desempenho

Nesta recessão, os britânicos descobriram que a economia está tão decadente como sempre. Até desastres nacionais são vistos hoje como presságios de um declínio ainda maior. O Independent, *no domingo, publicou um artigo de primeira página sobre "a sinistra sensação de que o incêndio no castelo de Windsor é sintomático da situação do país, em geral, e deriva da nova característica nacional de inépcia".*
Lorde Peston, porta-voz do Partido Trabalhista para assuntos ligados ao comércio e à indústria, declarou: "Sabemos o que devemos fazer, mas, por algum motivo, não o fazemos."
Políticos, empresários e economistas criticam o país, que definem como um lugar onde os jovens recebem educação precária, onde tanto a mão de obra quanto a administração são pouco qualificadas, onde o investimento é reduzido e onde os políticos administram mal a economia.
– Erik Ipsen, *International Herald Tribune*, 1992[7]

Alguns sistemas não só resistem à política e permanecem num estado ruim como também continuam piorando. Um nome para esse arquétipo é "desvio para baixo desempenho". Os exemplos incluem a queda da participação no mercado em um negócio, a erosão da qualidade do serviço em um hospital, rios ou atmosfera cada vez mais sujos, aumento da gordura corporal apesar de dietas periódicas, a deterioração das escolas públicas americanas – ou o sumiço do meu programa de corridas.

O agente neste ciclo de feedback (governo britânico, empresa, hospital, pessoa gorda, administração escolar, corredora) tem, como sempre, uma meta de desempenho ou de sistema que é comparada à situação real. Se houver alguma discrepância, uma ação é tomada. Trata-se, portanto, de um ciclo de feedback de equilíbrio que busca manter o desempenho no nível desejado.

Mas nesse sistema há uma distinção entre o estado real do sistema e o estado perceptível. *O agente tende a acreditar mais nas notícias ruins do que nas boas.* Como o desempenho varia, os melhores resultados são descartados como aberrações, os piores resultados permanecem na memória. E o agente acha que as coisas estão piores do que de fato estão.

Para completar esse trágico arquétipo, *o estado desejado do sistema é influenciado pelo estado perceptível*. Os padrões não são absolutos. Quando o desempenho se corrompe, a meta pode se corromper. "Isso é tudo o que podemos esperar." "Não estamos muito pior do que estávamos no ano passado." "Olhe em volta, todo mundo está tendo problemas."

O ciclo de feedback de equilíbrio, que deveria manter o estado do sistema em um nível aceitável, vê-se sobrecarregado por um ciclo de feedback de reforço descendo a ladeira. Quanto menor é o estado do sistema perceptível, menor é o estado desejado. Quanto menor é o estado desejado, menor é a discrepância e menos ações corretivas são tomadas. Quanto menos ações corretivas são tomadas, menor é o estado do sistema. Se esse ciclo for executado sem verificação, pode provocar uma degradação contínua no desempenho do sistema.

Outro nome para essa armadilha do sistema é "metas declinantes". Também é conhecida como "síndrome da rã cozida", por conta de uma velha história que não sei se é verdadeira: se uma rã for colocada de repente numa panela com água quente, ela saltará logo para fora; mas se for colocada numa panela com água fria, e a água for lentamente aquecida, a rã permanecerá dentro da panela, feliz, até a água ferver. "Parece que está um pouco quente aqui. Mas não muito mais quente do que um minuto atrás." O desvio para um baixo desempenho é um processo gradual. Se o estado do sistema declinasse rapidamente, ocorreria um frenético processo corretivo. Mas se cai devagar o bastante para apagar a lembrança (ou a crença) de como as coisas eram melhores, todo mundo é tranquilizado por expectativas cada vez menores, esforços cada vez menores e um desempenho cada vez pior.

Existem dois antídotos para a erosão dos objetivos. Um deles é manter os padrões absolutos, independentemente do desempenho. Outro é tornar as metas sensíveis aos melhores desempenhos do passado em vez dos piores. Se o desempenho perceptível tiver um viés otimista em vez de pessimista, se tomarmos os melhores resultados como padrão e os piores resultados como um revés temporário, então a mesma estrutura pode elevar o sistema a um desempenho cada vez melhor. O ciclo de reforço para baixo, que dizia "quanto pior as coisas ficam, pior vou deixá-las ficar", torna-se um ciclo de reforço para cima: "Quanto melhor as coisas ficam, mais vou trabalhar para torná-las ainda melhores".

Se eu tivesse aplicado essa lição ao meu programa de treino, agora estaria correndo maratonas.

A ARMADILHA: DESVIO PARA BAIXO DESEMPENHO

Permitir que os padrões de desempenho sejam influenciados pelo desempenho passado, sobretudo se há um viés negativo na percepção do desempenho passado, configura um ciclo de feedback de reforço de metas declinantes, que levam um sistema a derivar para baixo desempenho.

A SAÍDA

Mantenha os padrões de desempenho. Melhor ainda, permita que os padrões sejam aprimorados pelos melhores desempenhos reais em vez de desencorajados pelos piores. Use a mesma estrutura para configurar um desvio para alto desempenho.

Escalada

Militantes islâmicos sequestraram um soldado israelense no domingo e ameaçam matá-lo a menos que o Exército liberte o fundador de um grupo muçulmano dominante na Faixa de Gaza, que está preso. O sequestro faz parte de uma onda de intensa violência, com o fuzilamento de três palestinos e um soldado israelense que foi morto por tiros disparados de um veículo que passava enquanto ele fazia patrulha em um jipe. Além disso, Gaza foi assolada por repetidos confrontos entre manifestantes que atiravam pedras e tropas israelenses, que abriram fogo com munição real e balas de borracha, ferindo pelo menos 120 pessoas.

– CLYDE HABERMAN, *International Herald Tribune*, 1992[8]

Já mencionei um exemplo de escalada no início deste livro: o sistema de crianças brigando. Você me bateu, eu bati em você com um pouco mais de força, você me bateu de volta com um pouco mais de força, e logo temos uma briga de verdade.

"Aumento a aposta" é a regra que leva à escalada. A escalada advém de um ciclo de reforço estabelecido por agentes competidores que tentam ultrapassar um ao outro. O objetivo de uma parte do sistema, ou de um agente, não é absoluto, assim como a temperatura de um termostato de ambiente é ajustada para 18°C, mas está relacionado ao estado de outra parte do sistema, outro agente. Como muitas armadilhas do sistema, a escalada não é necessariamente algo ruim. Se a competição é em torno de algum objetivo desejável, como um computador mais eficiente ou uma cura para a aids, pode direcionar todo o sistema em direção ao objetivo. Mas quando envolve hostilidades, armamentos, ruídos ou irritação, a escalada é uma armadilha insidiosa. Os exemplos mais comuns e terríveis são as corridas armamentistas e certas localidades onde inimigos implacáveis vivem à beira da violência realimentada.

Cada agente baseia o estado que deseja para seu sistema no estado de sistema desejado pelo outro – e o eleva. Uma escalada não é apenas acompanhar os Joneses, mas manter-se à frente dos Joneses. Os Estados Unidos e a União Soviética durante anos exageraram seus relatórios sobre os armamentos uns dos outros para justificar a produção de mais armamentos próprios. Cada aumento na quantidade de armas de um lado provocava uma corrida para superá-lo no outro lado. Embora cada lado culpasse o outro pela escalada, seria mais sistemático dizer que cada lado escalava a si mesmo – seu próprio desenvolvimento de armas dava início a um processo que exigiria ainda mais desenvolvimento de armas no futuro. Esse sistema acarretou trilhões de dólares em gastos, a degradação das economias de duas superpotências e a fabricação de armas inimaginavelmente destrutivas, que ainda hoje ameaçam o mundo.

Campanhas eleitorais negativas constituem outro perverso exemplo de escalada. Um candidato difama o outro, que por sua vez o difama, e assim por diante. Até que os eleitores deixam de conhecer as características positivas de seus candidatos e todo o processo democrático é aviltado.

Há também guerras comerciais, em que um concorrente abaixa seus preços, levando o outro concorrente a reduzir ainda mais os seus; o que faz o primeiro abaixar os seus mais ainda, até que ambos começam a perder dinheiro, mas nenhum deles tem como recuar de modo fácil. Esse tipo de escalada pode terminar com a falência de um dos competidores.

Empresas de publicidade aumentam seus lances pela atenção do consumidor. Uma delas faz algo brilhante, vistoso e atraente. O concorrente faz algo ainda mais vistoso, maior e mais ousado. E assim por diante. Assim, a publicidade torna-se cada vez mais presente, mais espalhafatosa, mais barulhenta, mais intrusiva, até que os sentidos do consumidor se embotam a ponto de que quase todas as mensagens publicitárias deixam de fazer efeito.

O sistema de escalada também produz um comprimento cada vez maior nas limusines, um volume cada vez mais alto nas conversas em bares e um som cada vez mais grosseiro nas bandas de rock.

A escalada pode envolver tranquilidade, civilidade, eficiência, sutileza ou qualidade. Mas até mesmo uma escalada bem direcionada pode acarretar problemas, pois não é fácil parar. Cada hospital que tenta superar os outros em máquinas de diagnóstico modernas, caras e poderosas pode tornar inacessíveis os custos de saúde. Uma escalada na moralidade pode produzir uma santidade hipócrita. Uma escalada na arte tende a levar do barroco ao rococó e ao kitsch. Uma escalada em estilos de vida sustentáveis pode produzir um puritanismo rígido e desnecessário.

Sendo um ciclo de feedback de reforço, uma escalada cresce de modo exponencial. Portanto, pode levar uma competição a extremos mais rápido do que qualquer um acreditaria ser possível. Se nada for feito para interromper o ciclo, o processo termina com um ou ambos os concorrentes quebrando.

Uma saída para a armadilha da escalada é o desarmamento unilateral – quando um dos lados reduz o estado do próprio sistema para induzir reduções no estado do competidor. Dentro da lógica do sistema, é uma opção quase impensável. Mas pode funcionar, se for conduzida com determinação e se conseguir sobreviver à vantagem de curto prazo do concorrente.

A única outra saída elegante do sistema de escalada é negociar um desarmamento. Ou seja, uma mudança estrutural nos sistemas para que um novo conjunto de ciclos de controle e de equilíbrio mantenha a competição dentro de limites (pressão dos pais para impedir a briga das crianças; regulamentos sobre o tamanho e a colocação de anúncios; tropas de manutenção da paz em áreas propensas à violência). Acordos de desarmamento em sistemas de escalada não são fáceis de obter, e nunca são muito agradáveis para as partes envolvidas. Mas são muito melhores que permanecer na corrida.

A ARMADILHA: ESCALADA

Quando o estado de uma ação é determinado pela tentativa de superar o estado de outra ação – e vice-versa –, surge um ciclo de feedback de reforço que leva o sistema a uma corrida armamentista, uma corrida pela riqueza, uma campanha de difamação, ruídos crescentes, escaladas de violência. A escalada é exponencial e pode levar a extremos bem rápido. Se nada for feito, a espiral será interrompida pelo colapso de alguém – pois o crescimento exponencial não pode durar para sempre.

A SAÍDA

A melhor forma de sair dessa armadilha é evitar entrar nela. Se for envolvido em um sistema de escalada, você pode se recusar a competir (desarmamento unilateral), interrompendo assim o ciclo de reforço. Ou pode negociar um novo sistema, com ciclos de equilíbrio, para controlar a escalada.

Sucesso para os bem-sucedidos – exclusão competitiva

Indivíduos extremamente ricos – a fatia superior do 1% constituído pelos maiores contribuintes – têm flexibilidade considerável para expor uma parte menor de sua renda à tributação. São aqueles que correm para receber bônus agora e não no ano seguinte (quando os impostos poderão ser mais altos), para converter opções de ações e para adiantar a receita de qualquer forma possível.
– Sylvia Nasar, *International Herald Tribune*, 1992[9]

Usar riqueza acumulada, privilégios, acessos especiais ou informações privilegiadas para criar mais riqueza, privilégios, acessos especiais ou informações privilegiadas são exemplos do arquétipo chamado "sucesso para os bem-sucedidos". Essa armadilha do sistema é encontrada sempre que os vencedores de uma competição recebem, como recompensa, os meios para competir de modo ainda mais eficaz no futuro. Trata-se de um ciclo de feedback de reforço, que divide um sistema em vencedores que continuam ganhando e perdedores que continuam perdendo.

Qualquer um que tenha jogado *Banco Imobiliário* (ou *Monopoly*) conhece esse sistema. Todos os jogadores começam em pé de igualdade. Os primeiros a construir "hotéis" são capazes de cobrar "aluguéis" dos outros jogadores – que podem então usar para comprar mais hotéis. Quanto mais hotéis você tiver, mais hotéis poderá obter. O jogo termina quando um jogador compra tudo, a menos que os demais jogadores, frustrados, já tenham desistido há muito tempo.

Certa vez, nosso bairro organizou um concurso que premiava com 100 dólares a família cuja casa exibisse as luzes de Natal mais impressionantes. A família vencedora no primeiro ano gastou os 100 dólares em mais luzes de Natal. Depois que essa família ganhou três anos consecutivos, com uma exibição cada vez mais elaborada, o concurso foi suspenso.

A quem tem será dado. Quanto mais o vencedor ganha, mais ganhará no futuro. Se a vitória ocorre em um ambiente limitado, em que tudo o que o vencedor ganha é retirado dos perdedores, os perdedores se arruinarão de maneira gradual, serão forçados a sair ou passarão fome.

Sucesso para os bem-sucedidos é um conceito bem conhecido na área da ecologia, em que é chamado de "princípio da exclusão competitiva". Esse princípio estabelece que duas espécies diferentes não podem viver no mesmo nicho ecológico, competindo pelos mesmos recursos. Uma delas se reproduzirá mais rápido, ou será capaz de usar os recursos de modo mais eficiente. Obterá então uma parcela maior dos recursos, o que lhe permitirá multiplicá-los mais e continuar multiplicando. Assim, dominará o nicho e levará o concorrente à extinção. Isso não acontecerá por confronto direto, mas pela apropriação de todos os recursos, deixando o concorrente mais fraco sem nada.

Outra expressão dessa armadilha fez parte da crítica ao capitalismo feita por Karl Marx. Duas empresas competindo no mesmo mercado exibirão o mesmo comportamento de duas espécies competindo em um mesmo nicho. Uma delas vai obter uma pequena vantagem, seja por maior eficiência, investimentos mais inteligentes, melhor tecnologia, subornos maiores, ou o que for. Com essa vantagem, terá mais recursos para investir em instalações produtivas, tecnologias mais recentes, publicidade ou propinas. Seu ciclo de feedback de reforço para acumular capital vai girar mais rápido que o da outra empresa, permitindo-lhe produzir mais e ganhar ainda mais. Se não houver uma lei antitruste para detê-la e o mercado for finito, uma empresa poderá assumir tudo, desde que opte por reinvestir o capital e expandir suas instalações.

Algumas pessoas acham que a queda da União Soviética refutou as teorias de Karl Marx, mas essa análise particular dele – de que a competição de mercado elimina sistematicamente a competição de mercado – é demonstrada onde quer que exista ou tenha existido um mercado competitivo. Em função do ciclo de feedback que reforça o sucesso dos bem-sucedidos, as muitas empresas automobilísticas dos Estados Unidos foram reduzidas a três (e não a uma, mas por conta das leis antitruste). Na maioria das grandes cidades americanas, resta apenas um jornal. Em todas as economias de mercado, vemos tendências de longo prazo para a diminuição do número de fazendas, enquanto o tamanho das fazendas aumenta.

O maior dano provocado pela armadilha do sucesso para os bem-sucedidos é tornar os ricos mais ricos e os pobres mais pobres. Não só os ricos têm mais forma de evitar a tributação do que os pobres, mas:

- Na maioria das sociedades, crianças mais pobres recebem a pior educação nas piores escolas, isso quando vão à escola. Com poucas qualificações comercializáveis, conseguem apenas empregos mal remunerados, o que perpetua sua pobreza.[10]
- Pessoas de baixa renda e poucas posses não conseguem empréstimos na maioria dos bancos. Portanto, ou não podem investir em melhorias de capital ou precisam recorrer a agiotas, que cobram taxas de juros exorbitantes. Mesmo quando as taxas de juros são razoáveis, os pobres as pagam, os ricos as cobram.
- Em muitas partes do mundo, a posse da terra é tão desigual que a maioria dos agricultores é arrendatária de outras pessoas. Como devem destinar parte de sua renda aos donos das terras, quase nunca

conseguem comprar seus próprios lotes. Os proprietários das terras usam a renda dos inquilinos para comprar mais terras.

Esses são apenas alguns dos feedbacks que perpetuam a distribuição desigual de renda, bens, educação e oportunidades. Como os pobres só podem comprar em pequenas quantidades (alimentos, combustível, sementes, fertilizantes), pagam sempre os preços mais altos. Por serem muitas vezes desorganizados e desarticulados, uma parte desproporcionalmente pequena dos gastos do governo é alocada às suas necessidades. Ideias e tecnologias chegam a eles por último. Doenças e poluição chegam a eles primeiro. São pessoas que não têm escolha a não ser aceitar empregos perigosos e mal remunerados, pessoas cujos filhos não são vacinados, pessoas que vivem em áreas lotadas, propensas ao crime e a desastres.

Como sair dessa armadilha?

Espécies e empresas escapam por vezes da exclusão competitiva por meio da *diversificação*. Uma espécie pode aprender a explorar novos recursos. Uma empresa pode criar um novo produto ou serviço que não concorra de modo direto com os já existentes. Os mercados tendem ao monopólio e os nichos ecológicos à monotonia, mas criam também ramificações de diversidade, novos mercados, novas espécies, que com o tempo podem atrair concorrentes. Esses concorrentes começam a mover de novo o sistema no sentido da exclusão competitiva.

A diversificação não é garantida, sobretudo se a empresa (ou espécie) monopolizadora tiver capacidade para esmagar todas as ramificações, comprá-las ou privá-las dos recursos de que precisam para sobreviver. A diversificação não funciona como estratégia para os pobres.

O ciclo de sucesso para os bem-sucedidos pode ser mantido sob controle mediante ciclos de feedback que impeçam qualquer concorrente de assumir o controle por completo. É o que fazem as leis antitruste, na teoria e às vezes na prática. (Um dos recursos que as grandes empresas podem utilizar, porém, é o poder de enfraquecer a implementação das leis antitruste).

O modo mais óbvio de sair do arquétipo do sucesso para os bem-sucedidos é "nivelar o campo de jogo". Sociedades tradicionais e criadores de videogames projetam em seus sistemas algum meio de equalizar as vantagens para que o jogo permaneça justo e interessante. Os jogos de monopólio recomeçam com todos os competidores em posições iguais, oferecendo para os perdedores da última partida uma nova chance de ganhar. Muitos esportes disponibilizam vantagens para jogadores mais fracos. E muitas sociedades tradicionais têm alguma versão do *potlatch*, um ritual dos nativos americanos no qual os que têm mais doam muitas de suas posses para os que têm menos.

Existem diversos artifícios para interromper o ciclo dos ricos cada vez mais ricos e pobres cada vez mais pobres: leis fiscais incontornáveis para tributar mais os ricos que os pobres; caridade; segurança social; sindicatos; educação e saúde asseguradas pelo estado; tributação sobre heranças (uma forma de recomeçar o jogo a cada nova geração). A maioria das sociedades industriais tem alguma combinação desses itens, de modo a evitar a armadilha do sucesso para os bem-sucedidos e manter todo mundo no jogo. As culturas que praticam *potlatch* redistribuem riquezas por meio de doações e cerimônias que melhoram a posição social do doador.

Esses mecanismos de equalização podem vir da simples moralidade ou do entendimento prático de que os perdedores, caso não consigam sair do jogo do sucesso para os bem-sucedidos, podem ficar frustrados a ponto de destruir o campo de jogo.

A ARMADILHA: SUCESSO PARA OS BEM-SUCEDIDOS

Se os vencedores de uma competição são recompensados com os meios para vencer de novo, um ciclo de feedback de reforço é criado porque, se não for inibido, permitirá que os vencedores fiquem com tudo e os perdedores sejam eliminados.

A SAÍDA

Diversificação, que dá a oportunidade a quem está perdendo de sair do jogo e iniciar outro; limitação estrita da fração do bolo que qualquer vencedor pode ganhar (leis antitruste); políticas que nivelem o campo de jogo, removendo parte da vantagem dos jogadores mais fortes ou aumentando a vantagem dos mais fracos; políticas que recompensem a vitória sem desequilibrar a rodada seguinte da competição.

Transferência do ônus para o interventor – vício

> *Você deve ter noção da incrível espiral descendente em que estamos. Como mais custos continuam sendo transferidos para o setor privado, mais pessoas do setor privado deixam de segurar seus funcionários. Até o momento (...) mais de 100 mil americanos estão perdendo o seguro-saúde mensalmente. Um enorme percentual deles se qualifica para benefícios do programa Medicaid, oferecido em conjunto pelo governo federal e pelos governos estaduais. Mas como os estados não podem ter déficits, todos subfinanciam a educação e os programas de assistência à infância, ou aumentam os impostos, o que retira dinheiro de outros investimentos.*
> – BILL CLINTON, *International Herald Tribune*, 1992[11]

> *Se você quiser irritar um somali, segundo dizem, tire o* khat *dele.* Khat *são folhas tenras e frescas da planta* catha edulis, *que está farmacologicamente relacionada às anfetaminas. Abdukadr Mahmoud Farah, 22 anos, disse que começou a mascar* khat *quando tinha 15 anos. "O motivo é não pensar neste lugar. Quando uso, fico feliz. Posso fazer tudo. Não fico cansado."*
> – KEITH B. RICHBURG, *International Herald Tribune*, 1992[12]

A maioria das pessoas conhece as propriedades viciantes do álcool, da nicotina, da cafeína, do açúcar e da heroína. Mas nem todos sabem que o vício pode aparecer em sistemas maiores e de outras formas – como a dependência de subsídios governamentais por parte da indústria, a dependência de fertilizantes por parte dos agricultores, o vício em petróleo barato por parte das economias ocidentais ou o vício em contratos governamentais por parte dos fabricantes de armas.

Essas armadilhas são conhecidas por vários nomes: vício, dependência, transferência do ônus para o interventor. Sua estrutura inclui um estoque com fluxos de entrada e de saída. O estoque pode ser físico (uma safra de milho) ou metafísico (uma sensação de bem-estar ou de autoestima). O estoque é mantido por um agente que ajusta um ciclo de feedback de equilíbrio – alterando os fluxos de entrada ou de saída. O agente tem um objetivo e o compara com uma percepção do estado real do estoque para determinar qual ação deverá tomar.

Digamos que você é um menino, vivendo em uma região onde haja fome e guerra. Você gostaria de se sentir feliz, enérgico e destemido. Mas há uma enorme discrepância entre a sensação de bem-estar que você deseja e o que sente de fato. Para preencher essa lacuna há pouquíssimas opções disponíveis. Uma delas é usar drogas. As drogas não farão nada para melhorar a situação real – vão piorá-la, para dizer a verdade. Mas entorpecem com rapidez seus sentidos e melhoram sua percepção de si mesmo, fazendo com que se sinta incansável e corajoso.

Da mesma forma, se você estiver administrando uma empresa ineficaz e conseguir subsídios do governo, poderá continuar a ganhar dinheiro e a ser um respeitável membro da sociedade. Ou talvez você seja um agricultor que usa fertilizantes para aumentar a safra de milho em sua terra sobrecarregada. Assim, obtém uma colheita abundante, mas não faz nada para melhorar a fertilidade do solo.

O problema é que as conjunturas criadas por intervenções não duram. A embriaguez passa. O subsídio é gasto. O fertilizante é consumido ou levado pelas chuvas.

Exemplos de sistemas de dependência e terceirização de compromissos são abundantes:

- O cuidado com idosos costumava ser atribuição das famílias, e essa era uma tarefa nem sempre fácil. Surgiram então a Previdência Social, comunidades de aposentados e casas de repouso. Hoje, a maioria das famílias não tem mais espaço, tempo, capacidade ou vontade de cuidar de seus idosos.
- O transporte de longa distância era feito por ferrovias e o transporte de curta distância, por bondes e metrôs. Até que o governo decidiu construir rodovias.

- As crianças costumavam fazer contas de cabeça ou com papel e lápis, antes do uso generalizado das calculadoras.
- As populações adquiriam imunidade parcial a doenças como varíola, tuberculose e malária, até que surgiram vacinas e medicamentos.
- A medicina moderna transferiu para médicos e medicamentos a responsabilidade pela saúde das pessoas, antes uma atribuição das práticas e do estilo de vida de cada indivíduo.

Transferir um fardo para um interventor pode ser boa ideia, muitas vezes feita de modo proposital. E o resultado pode ser uma capacidade maior de manter o sistema em um estado desejável. A proteção de 100% das vacinas contra a varíola, por exemplo, se durar, é preferível à proteção apenas parcial da imunidade natural à varíola. Alguns sistemas precisam, de fato, de um interventor.

Mas a intervenção pode se tornar uma armadilha do sistema. Um processo de feedback corretivo dentro do sistema faz um trabalho ruim (ou até regular) na manutenção do estado de um sistema. Um interventor bem-intencionado e eficiente observa o problema e interfere retirando parte da carga. Assim, traz o sistema para o estado que todos desejam.

O problema original, no entanto, logo reaparece, pois nada foi feito para eliminar a causa. Assim, o interventor aplica a "solução" em uma amplitude maior, disfarçando de novo o estado real do sistema e deixando de agir sobre o problema. O que torna necessário usar outra vez a "solução" em uma amplitude maior ainda.

A armadilha se configura caso a intervenção, seja por destruição ativa ou por simples negligência, venha a minar a capacidade original do sistema de se manter. Se a capacidade for atrofiada, mais intervenções serão necessárias para alcançar o efeito desejado. Isso enfraquecerá ainda mais a capacidade original do sistema. O interventor será chamado mais uma vez. E assim o ciclo se repetirá.

Por que alguém cai na armadilha? Em primeiro lugar, porque o interventor talvez não se dê conta de que o desejo inicial de ajudar um pouco pode dar início a uma dependência cada vez maior, o que, em última instância, acabará por sobrecarregá-lo. O sistema de saúde americano, por exemplo, está enfrentando as tensões de uma sequência desses eventos.

Em segundo lugar, porque a pessoa ou a comunidade que está sendo ajudada pode não pensar na perda de controle a longo prazo e no aumento da vulnerabilidade que acompanha a oportunidade de transferir um fardo para um interventor capaz e poderoso.

Se a intervenção agir como uma droga, você se tornará viciado. Quanto mais for sugado para uma ação viciante, mais e mais será atraído por ela. Uma definição de vício usada pelos Alcoólicos Anônimos é: repetir o mesmo comportamento absurdo vezes sem conta e, de alguma forma, esperar resultados diferentes.

Vício é encontrar uma solução rápida e suja para o *sintoma* de um problema, o que impede ou distrai a pessoa da tarefa mais difícil e demorada de resolver o problema real. As políticas viciantes são insidiosas por serem aparentemente simples e muito atraentes.

Insetos estão ameaçando as plantações? Em vez de examinar os métodos agrícolas, as monoculturas e a destruição do ecossistema natural que geraram o surto de pragas, aplicam-se pesticidas. Essa ação afugentará os insetos, o que permitirá mais monoculturas e mais destruição de ecossistemas. E logo os insetos estarão de volta, em surtos cada vez maiores que exigirão mais pesticidas.

Os preços do petróleo estão subindo? Em vez de reconhecer o inevitável esgotamento de um recurso não renovável e aumentar sua eficiência, ou usar outros combustíveis, fixamos os preços. (Tanto a União Soviética quanto os Estados Unidos fizeram isso como primeira resposta aos choques do preço do petróleo da década de 1970.) Assim poderemos fingir que nada está acontecendo e continuaremos a consumir petróleo – agravando o problema do esgotamento. Quando essa política falhar, podemos guerrear por petróleo. Ou encontrar mais petróleo. Como um bêbado vasculhando a casa na esperança de descobrir só mais uma garrafa, podemos poluir as praias e invadir as últimas áreas selvagens, na esperança de descobrir mais uma grande reserva de petróleo.

Largar um vício é algo doloroso. Seja a dor física da privação de heroína, a dor econômica de um aumento no preço do petróleo para reduzir o consumo ou as consequências aflitivas de uma invasão de pragas enquanto predadores naturais ainda estão se recuperando – a abstinência significa confrontar o estado real (e em geral muito deteriorado) de uma situação e tomar as medidas que o vício permitiu adiar. Às vezes, a retirada pode ser feita gradualmente. Às vezes uma política não viciante pode ser posta em prática antes, de modo que o sistema degradado seja restaurado com um mínimo de turbulência (apoio de um grupo para restaurar a autoimagem do viciado, isolamento domiciliar, carros com baixo consumo de combustível, policultura e rotação de lavouras para reduzir a vulnerabilidade a pragas). Mas às vezes a única saída é largar o vício na marra e suportar a dor.

Vale a pena abandonar um vício, mas o melhor é evitá-lo.

O problema pode ser prevenido com uma intervenção no sentido de *fortalecer a capacidade do sistema para arcar com seus próprios encargos*. Esta opção, ajudar o sistema a se ajudar, pode sair muito mais barata e fácil do que assumir o controle para administrar o sistema – algo que os políticos liberais parecem não entender. O segredo é não começar com uma conquista heroica, mas com uma série de perguntas:

- Por que os mecanismos de correção natural estão falhando?
- Como os obstáculos podem ser removidos?
- Como os mecanismos podem ser mais eficazes?

A ARMADILHA: TRANSFERÊNCIA DO ÔNUS PARA O INTERVENTOR

A transferência do ônus, da dependência e do vício surge quando uma solução para um problema sistêmico reduz (ou disfarça) os sintomas mas nada faz para resolver o problema subjacente. Seja uma substância que entorpece a percepção de alguém ou uma política que oculta um problema subjacente, a droga escolhida interfere em ações que poderiam resolver o problema real.

Se a intervenção escolhida para corrigir o problema levar a capacidade de automanutenção do sistema original a atrofiar ou erodir, um ciclo destrutivo de feedback de reforço será acionado, exigindo cada vez mais intervenções. Com isso, o sistema se deteriorará cada vez mais e se tornará cada vez menos capaz de manter o estado desejado.

A SAÍDA

A melhor forma de sair dessa armadilha é evitar entrar nela. Cuidado com políticas ou práticas de alívio de sintomas ou de negação de sinais, que não enfrentam o problema de fato. Tire o foco do alívio de curto prazo e se concentre na reestruturação de longo prazo.

Se você for o interventor, trabalhe de forma a restaurar ou melhorar a capacidade do próprio sistema para resolver os problemas; depois, retire-se.

Se for você a pessoa que chegou a uma dependência insuportável, crie as próprias capacidades de seu sistema antes de remover a intervenção. Faça isso o mais rápido possível. Quanto mais esperar, mais difícil será o processo de retirada.

Violando as regras

CALVIN: Tudo bem, Haroldo, eu tenho um plano.
HAROLDO: Qual?
CALVIN: Se eu fizer 10 atos espontâneos
de bondade de hoje até o Natal, Papai Noel
terá de ser complacente ao julgar o restante do ano.
Posso alegar que virei uma página.
HAROLDO: Eis sua chance. Susie está vindo para cá.
CALVIN: Acho melhor começar amanhã e
fazer 20 por dia.
– INTERNATIONAL HERALD TRIBUNE, 1992[13]

Onde quer que haja regras, é provável que haja violação de regras. Isso significa uma ação evasiva para burlar a intenção das regras de algum sistema – cumprindo a letra, mas não o espírito, da lei. A violação de regras só se torna um problema quando provoca comportamentos anormais e distorcidos em um sistema, os quais não fariam sentido na ausência de regulamentos. Caso fuja ao controle, a violação de regras pode levar os sistemas a um comportamento bastante danoso.

A violação de regras que distorce a natureza, a economia, as organizações e o espírito humano pode ser destrutiva. Veja exemplos, alguns sérios e outros menos, de violação de regras:

- No fim do ano fiscal, departamentos de governos, universidades e corporações muitas vezes se envolvem em gastos inúteis, apenas para se livrar do dinheiro – pois se não gastarem o orçamento em determinado ano, ele será reduzido no próximo.
- Na década de 1970, o estado de Vermont adotou uma lei de uso da terra chamada Lei 250, a qual exige um processo de aprovação complexo para subdivisões que criam lotes de 10 acres ou menos. Agora, Vermont tem um número extraordinário de lotes com pouco mais de 10 acres.
- Na década de 1960, para reduzir as importações e ajudar os produtores locais, os países europeus impuseram restrições à importação de grãos para alimentação animal. Como ninguém pensou, quando as restrições estavam sendo redigidas, em uma raiz amilácea chamada mandioca – que também é uma boa ração animal – ela não foi incluída nas restrições. Assim, as importações de milho da América do Norte foram substituídas por importações de mandioca da Ásia.[14]
- A Lei de Espécies Ameaçadas dos Estados Unidos restringe o desenvolvimento em qualquer lugar onde uma espécie ameaçada tenha seu habitat. Ao descobrir que suas propriedades abrigam uma espécie em extinção, alguns proprietários de terras a caçam ou envenenam de maneira proposital, para que a área possa ser desenvolvida.

Observe que a violação de regras tem a *aparência* de regras sendo seguidas. Os motoristas obedecem aos limites de velocidade quando estão nas proximidades de um carro de polícia, por exemplo. A ração em grãos não é mais exportada para a Europa. O desenvolvimento não prossegue onde uma espécie ameaçada de extinção é documentada como presente.

A "letra da lei" é cumprida, o espírito da lei não. Isso é um alerta sobre a necessidade de projetar leis incluindo todo o sistema e tendo em mente as possibilidades evasivas.

Infringir regras é uma resposta dos níveis inferiores de uma hierarquia a regulamentos vindos de cima, tidos como excessivamente rígidos, deletérios, impraticáveis ou mal definidos. Existem duas respostas genéricas à violação de regras. Uma delas é reforçá-las ou intensificar sua aplicação – mergulhando mais a fundo na armadilha e dando origem a uma distorção ainda maior do sistema.

A saída da armadilha, a oportunidade, é entender a infração como um feedback útil e revisar, aperfeiçoar, rescindir ou explicar melhor as regras. Projetá-las de modo mais eficaz torna possível prever, na medida do possível, seus efeitos nos subsistemas, incluindo quaisquer violações em que possam se envolver, e estruturá-las, de modo a encaminhar a capacidade de auto-organização do sistema para uma direção positiva.

A ARMADILHA: VIOLAÇÃO DE REGRAS

As regras para governar um sistema podem levar à violação dessas mesmas regras, mediante um comportamento perverso que dá a impressão de obedecê-las ou de atingir os objetivos mas que na verdade distorce o sistema.

A SAÍDA

Formule ou reformule regras que liberem a criatividade, não com o propósito de superar as já existentes, mas no sentido de alcançar sua finalidade.

Buscando o objetivo errado

O governo japonês reconheceu formalmente, na sexta-feira, o que economistas da área privada vêm dizendo há meses: o Japão não chegará nem perto de atingir a meta de crescimento de 3,5% que os planejadores do governo estabeleceram há um ano. Em 1991, o PIB cresceu 3,5% e em 1990, 5,5%. Desde o início deste ano fiscal, a economia japonesa está estagnada ou em retração.
Agora que a previsão caiu drasticamente, a pressão de políticos e empresários para que o Ministério da Fazenda tome medidas de estímulo deve aumentar.
— INTERNATIONAL HERALD TRIBUNE, 1992[15]

No Capítulo 1, eu disse que uma das formas mais poderosas de influenciar o comportamento de um sistema é mediante seu propósito ou objetivo. Isso porque o objetivo é o definidor de direção do sistema, o definidor de discrepâncias que exigem ação, o indicador de conformidade, falha ou sucesso para o qual funcionam os ciclos de feedback de equilíbrio. Se o objetivo for mal definido, se não medir o que deve medir, se não refletir o real bem-estar do sistema, então o sistema não poderá produzir um resultado desejável. Os sistemas, como os três desejos do conto de fadas tradicional, têm uma terrível tendência a produzir exatamente, e tão somente, o que você lhes pede para produzir. Tenha cuidado, portanto, com o que pede.

Se o estado do sistema desejado é a segurança nacional, e isso é definido como a quantidade de dinheiro gasto com as forças armadas, o sistema produzirá gastos militares. Pode ou não produzir segurança nacional. Na verdade, a segurança pode ser prejudicada se os gastos drenarem investimentos de outras partes da economia e forem destinados a um arsenal de armas exorbitante, desnecessário ou impraticável.

Se o estado do sistema desejado for uma educação de qualidade, medir esta meta pela quantidade de dinheiro gasto com cada aluno garantirá o dinheiro gasto por estudante. Se a qualidade da educação for medida pelo desempenho em testes padronizados, o sistema produzirá desempenho em testes padronizados. Se qualquer dessas medidas estiver relacionada a uma boa educação, vale a pena ser cogitada.

Nos primórdios do planejamento familiar na Índia, as metas do programa eram definidas em termos do número de DIUs implantados. Assim, na ânsia de atingir as metas, os médicos colocavam os dispositivos nas pacientes sem a aprovação delas.

Esses exemplos confundem esforços com resultados, um erro comum, que leva à concepção de sistemas em torno do objetivo errado. Talvez o pior erro desse tipo tenha sido a adoção do PIB como medida do sucesso econômico nacional. O PIB é o produto nacional bruto, o valor monetário de bens e serviços finais produzidos pela economia. Como medida de bem-estar humano, tem recebido críticas quase desde o momento em que foi inventado:

> O produto interno bruto não leva em conta a saúde de nossas crianças, a qualidade de sua educação, a alegria de suas brincadeiras. Não inclui a beleza de nossa poesia, a força de nossos casamentos, a inteligência de nossos debates públicos, a integridade de nossos funcionários públicos. Não mede nossa inteligência nem nossa coragem, nossa sabedoria nem nosso aprendizado, nossa compaixão nem nossa devoção à pátria. Em resumo, mede tudo, exceto o que faz a vida valer a pena.[16]
>
> Temos um sistema de contabilidade nacional que não tem qualquer semelhança com a economia nacional, pois não é o registro de nossa vida em nossos lares, mas um gráfico febril de nosso consumo.[17]

O PIB agrupa coisas boas e coisas ruins. (Se houver mais acidentes automobilísticos, mais consertos de veículos e mais atendimentos médicos, o PIB sobe.) O PIB conta apenas bens e serviços comercializados. (Se todos os pais contratassem pessoas para criar seus filhos, o PIB aumentaria.) Não reflete a equidade distributiva. (Uma dispendiosa segunda casa para uma família rica faz o PIB subir mais do que uma casa básica barata para uma família pobre.) O PIB mede esforço em vez de realização, produção bruta e consumo em vez de eficiência. Novas lâmpadas que proporcionam a mesma quantidade de luz gastando um oitavo da eletricidade – e que duram 10 vezes mais que as antigas – fazem o PIB cair.

O PIB é uma medida da *taxa de transferência* – fluxos de itens feitos e comprados em um ano – em vez de estoques de capital, casas, automóveis e computadores, que são a fonte de prazer real, da verdadeira riqueza. Pode-se argumentar que a melhor sociedade seria aquela em que os estoques de capital pudessem ser mantidos e usados com a menor taxa de transferência possível em vez da maior.

Embora haja muitas razões para desejarmos uma economia próspera, não há nenhuma razão específica para querermos que o PIB suba. No entanto, governos do mundo inteiro respondem a um sinal de declínio do PIB tomando várias ações para mantê-lo em crescimento. Muitas delas são um desperdício, pois estimulam coisas que ninguém deseja. Algumas delas, como a exploração excessiva das florestas para estimular a economia no curto prazo, ameaçam o equilíbrio a longo prazo da economia, da sociedade e do meio ambiente.

Se você definir o PIB como o objetivo de uma sociedade, a sociedade fará o possível para produzir PNB. Não produzirá bem-estar, equidade, justiça ou eficiência, a menos que você defina uma meta e avalie com regularidade e informe o estado de bem-estar, equidade, justiça ou eficiência do país. O mundo seria um lugar diferente se, em vez de competir para ter o maior PIB *per capita*, as nações competissem para ter os maiores estoques de riqueza *per capita* com a menor taxa de transferência, a menor mortalidade infantil, a maior liberdade política, o meio ambiente mais limpo ou a menor desigualdade social.

A ARMADILHA: BUSCA PELO OBJETIVO ERRADO

O comportamento do sistema é bem sensível aos objetivos dos ciclos de feedback. Se os objetivos – indicadores de satisfação das regras – forem definidos de forma imprecisa ou incompleta, o sistema pode trabalhar obedientemente para produzir um resultado que não é de fato pretendido ou desejado.

A SAÍDA

Especifique indicadores e metas que reflitam o real bem-estar do sistema. Tenha cuidado para não confundir esforço com resultados, ou você acabará com um sistema que estará produzindo esforço e não resultados.

Buscar o objetivo errado, satisfazer o indicador errado, é uma característica do sistema quase oposta à violação de regras. Na violação de regras, o sistema se posiciona fora para escapar de uma regra impopular ou mal projetada, enquanto aparenta obedecê-la. Ao buscar o objetivo errado, o sistema segue obedientemente a regra e produz o resultado determinado – que não é aquele que se deseja. Você se vê às voltas com o problema de metas erradas quando descobre que uma coisa absurda está acontecendo "porque é a regra". Você se vê às voltas com a violação de regras quando descobre que uma coisa absurda está acontecendo para contornar a regra. Ambas as perversões do sistema podem ocorrer ao mesmo tempo e em relação à mesma regra.

INTERLÚDIO
O objetivo do design de veleiros

Tempos atrás, as pessoas não pilotavam veleiros para ganhar milhões de dólares nem para obter fama nacional, mas por diversão.

Competiam com barcos que já usavam em atividades normais, projetados para pescar, transportar mercadorias ou velejar nos fins de semana.

Mas logo ficou constatado que as corridas eram mais interessantes quando as diferenças entre os veleiros, em velocidade e manobrabilidade, não eram grandes demais. Surgiram então regras que os classificaram por determinados parâmetros, como comprimento e área do velame. Com isso, as corridas se tornaram restritas a competidores da mesma classe.

Logo os veleiros deixaram de ser projetados para navegar normalmente e passaram a ser desenhados para vencer regatas dentro das categorias definidas pelas regras – arrancando a maior velocidade possível de um metro quadrado de vela ou o menor atrito possível de um casco-padrão. Esses veleiros tinham uma aparência e um manuseio estranhos, não eram o tipo de barco que alguém usaria para pescar ou para dar um passeio aos domingos. À medida que as corridas passaram a ser mais competitivas, as regras se tornaram mais rígidas e os projetos dos barcos, mais bizarros.

Nos dias de hoje, os veleiros de corrida são bem rápidos e manobráveis, mas quase inúteis para a navegação normal. Além disso, precisam de equipes atléticas e experientes para pilotá-los. Ninguém pensaria em usar um iate da America's Cup, a mais prestigiada regata do iatismo, para qualquer finalidade que não seja competir. E os barcos de competição estão tão otimizados em torno das regras atuais que perderam a resiliência. Qualquer mudança nelas os tornaria inúteis.

PARTE III

Criando mudanças – nos sistemas e em nossa filosofia

6

Pontos de alavancagem – lugares para intervir em um sistema

A IBM anunciou um novo corte de 25 mil empregos e uma grande redução nos gastos com pesquisas. Os gastos com pesquisas de desenvolvimento devem ser reduzidos em 1 bilhão de dólares no próximo ano. O presidente, John K. Akers, declarou que a IBM ainda era líder mundial e do setor em pesquisas, mas sentiu que ela poderia se sair melhor "mudando para áreas com potencial de crescimento", ou seja, serviços, que precisam de menos capital, mas também geram menos lucro a longo prazo.

– Lawrence Malkin,
International Herald Tribune, 1992[1]

Como podemos mudar a estrutura dos sistemas de modo a produzir mais daquilo que queremos e menos daquilo que não desejamos? Depois de anos trabalhando em problemas de sistemas das corporações, Jay Forrester, do MIT, gosta de dizer que um gerente médio pode determinar um problema de forma muito convincente, identificar a estrutura que o causa e conjecturar com grande precisão onde procurar pontos de alavancagem – lugares no sistema em que uma pequena modificação pode produzir uma grande mudança de comportamento.

A ideia de pontos de alavancagem não é exclusiva da análise de sistemas – está incorporada às lendas: a bala de prata; a aleta compensadora (pequena estrutura que pode alterar o ângulo ou o equilíbrio de um avião); a cura milagrosa; a passagem secreta; a senha mágica; o herói que vira a maré da história; o segredo de atravessar ou pular obstáculos enormes quase sem esforço. Não queremos somente acreditar que os pontos de alavancagem existem, queremos saber onde estão e como acessá-los. Pontos de alavancagem são pontos de poder.

Mas Forrester lembra que, embora as pessoas envolvidas em um sistema saibam intuitivamente onde encontrar os pontos de alavancagem, na maioria das vezes operam a mudança na *direção errada*.

O exemplo clássico dessa intuição retrógrada foi minha própria introdução à análise de sistemas, o modelo World. Solicitado pelo Clube de Roma – um grupo internacional de empresários, estadistas e cientistas – a mostrar como os grandes problemas globais de pobreza, fome, destruição ambiental, esgotamento de recursos, deterioração urbana e desemprego estão relacionados – e como poderiam ser resolvidos –, Forrester criou um modelo de computador e obteve um claro ponto de alavancagem: crescimento.[2] Populacional e também econômico. O crescimento tem tanto custos quanto benefícios, mas em geral não contamos os custos, entre os quais pobreza, fome, destruição ambiental e outros tantos – toda a lista de problemas que estamos tentando resolver com o crescimento. O que se faz necessário é um crescimento muito mais lento, tipos de crescimento bem diferentes e, em alguns casos, nenhum crescimento ou crescimento negativo.

Os líderes mundiais consideram o crescimento econômico como a resposta para praticamente todos os problemas, *mas estão empurrando com todas as forças na direção errada*.

Outro clássico de Forrester foi o estudo sobre dinâmica urbana, publicado em 1969, o qual demonstrou que moradias subsidiadas para pessoas de baixa renda são um ponto de alavancagem.[3] Quanto menos delas, *melhor para a cidade*. Como esse modelo surgiu num momento em que a política nacional prescrevia grandes projetos habitacionais para pessoas de baixa renda, Forrester foi ridicularizado. Mas desde então muitos desses projetos têm sido demolidos, cidade após cidade.

Contraintuitivos – esta é a palavra que Forrester usa para descrever sistemas complexos. Os pontos de alavancagem não são intuitivos. Ou, se forem, muitas vezes os usamos de trás para a frente, piorando de modo sistemático quaisquer problemas que estejamos tentando resolver.

Não tenho fórmulas rápidas ou fáceis para encontrar pontos de alavancagem em sistemas complexos e dinâmicos. Se me derem mais alguns meses, ou anos, eu as encontrarei. Mas já sei, por amarga experiência, que, quando descobrir os pontos de alavancagem de um sistema, quase ninguém acreditará em mim – pois são contraintuitivos demais. É um fato muito frustrante, sobretudo para aqueles de nós que desejam não só entender sistemas complexos como também fazer o mundo funcionar de maneira mais apropriada.

Foi num desses momentos de frustração, durante uma reunião sobre as implicações dos sistemas globais de comércio, que propus uma lista de lugares para possíveis intervenções em um sistema. Com muita humildade, e querendo deixar espaço para a sua evolução, ofereço esta lista a você. O que borbulhou em mim naquele dia foi destilado de décadas de análises rigorosas de muitos tipos diferentes de sistemas, feitas por muitas pessoas inteligentes. Mas sistemas complexos são, bem, complexos. É perigoso generalizar sobre eles. O que você está lendo aqui não é uma receita para a detecção de pontos de alavancagem em sistemas, mas um convite para que considere o assunto de modo mais amplo.

À medida que os sistemas vão se tornando mais complexos, seu comportamento pode se tornar surpreendente. Pense em sua conta-corrente. Você passa seu cartão de débito em estabelecimentos e faz transferências. Há incidência de taxas bancárias mesmo que você não tenha dinheiro na conta, criando assim um acúmulo de dívidas. Agora, imagine sua conta somada a milhares de outras e o banco criando empréstimos em função de seus depósitos. Vincule então mil desses bancos a um sistema de reservas federais – e você começará a ver como estoques e fluxos simples, quando reunidos, criam sistemas complexos demais para serem identificados com facilidade.

Eis por que os pontos de alavancagem não são intuitivos. É teoria suficiente para formular a seguinte lista:

Lugares para intervir em um sistema (em ordem crescente de eficácia)

12. Números – constantes e parâmetros como subsídios, impostos e normas

Pense na banheira básica de estoque e fluxo do Capítulo 1. O tamanho dos fluxos é uma questão de números e da rapidez com que esses números podem ser alterados. Talvez a torneira esteja um tanto emperrada, então vai demorar um pouco para a água fluir ou para desligá-la. Talvez o ralo esteja bloqueado e permita apenas um pequeno fluxo de água, não importa quão aberto esteja. Talvez a torneira possa jorrar com a força de uma mangueira de incêndio. Alguns desses tipos de parâmetros estão fisicamente bloqueados e são imutáveis, mas muitos deles podem ser mudados e são reconhecidos como pontos de intervenção populares.

Considere a dívida nacional. Pode parecer um estoque estranho, pois é um buraco de dinheiro. A taxa pela qual o buraco se aprofunda é chamada déficit anual. A receita dos impostos diminui o tamanho do buraco, os gastos do governo o expandem. O Congresso e o presidente passam a maior parte do tempo discutindo sobre os muitos parâmetros que aumentam (gastos) ou diminuem (tributação) o tamanho ou a profundidade do buraco. Como esses fluxos estão ligados a nós, os eleitores, são parâmetros politicamente carregados. Mas apesar de todos os fogos de artifício, e não importa qual partido esteja no comando, o buraco do dinheiro vem se aprofundando há anos, embora em ritmos diferentes.

Para regular a sujeira do ar que respiramos, o governo estabelece parâmetros chamados padrões de qualidade do ar ambiente. Para garantir um estoque permanente de florestas (ou algum fluxo de dinheiro para empresas madeireiras), estabelece a quantidade de extração permitida anualmente. Corporações ajustam parâmetros como salários e preços de produtos, de olho no nível de sua banheira de lucros – o resultado final.

A área das terras que separamos para conservação a cada ano. O salário mínimo. Os gastos com pesquisas sobre aids ou com aviões bombardeiros invisíveis. A taxa de serviço que o banco cobra de sua conta. Tudo isso são parâmetros, ajustes de torneiras. Assim como a demissão de pessoas e a contratação de outras, inclusive políticos. Mudar as mãos que controlam as torneiras pode alterar a velocidade em que elas giram, mas se forem as mesmas velhas torneiras, ligadas ao mesmo velho sistema e giradas segundo as mesmas velhas informações, metas e regras, o comportamento do sistema não vai mudar muito. Eleger Bill Clinton foi diferente de eleger George Bush, pai, mas não tão diferente, já que todos os presidentes estão conectados ao mesmo sistema político. (Mudar a forma como o dinheiro flui neste sistema faria muito mais diferença, mas estou me adiantando na lista.)

Os números, os tamanhos dos fluxos, estão em último lugar na minha lista de intervenções poderosas. São apenas detalhes, como arrumar as espreguiçadeiras no convés do *Titanic*. É provável que 90% – não, 95%; não, 99% – de nossa atenção seja dirigida aos parâmetros, mas não há muita alavancagem neles.

Não que os parâmetros não sejam importantes – podem ser, sobretudo no curto prazo e para o indivíduo que está no fluxo. As pessoas se preocupam demais com variáveis como impostos e salário mínimo, pelas quais travam batalhas ferozes. Mas mudá-las *raramente muda o comportamento do sistema econômico nacional*. Se o sistema estiver estagnado, mudanças de parâmetros raras vezes lhe dão impulso. Se estiver variando demais, em geral o estabilizam. Se estiver crescendo sem controle, não lhe diminuem a velocidade.

Estabelecer um limite para as contribuições de campanha, seja qual for, não limpa a política. A manipulação da taxa de juros pelo Fed (Banco Central dos Estados Unidos) não fez os ciclos de negócios desaparecerem. Sempre esquecemos isso durante as altas e ficamos chocados com as baixas. Depois de décadas com as mais rígidas medidas contra a poluição do ar existentes no mundo, o ar de Los Angeles está menos sujo, mas não é limpo. Gastar mais com a polícia não acaba com a criminalidade.

Já que estou prestes a citar alguns exemplos em que os parâmetros são pontos de alavancagem, permita-me fazer uma grande ressalva. Os parâmetros se tornam pontos de alavancagem quando acionam algum dos itens mais elevados nesta lista. Taxas de juros, por exemplo, ou taxas de natalidade, controlam aumentos gerados pelos ciclos de feedback de reforço. Os objetivos do sistema são parâmetros que podem fazer grandes diferenças.

Esses tipos de números críticos não são tão comuns quanto as pessoas parecem acreditar. A maioria dos sistemas evoluiu ou é projetada para ficar muito fora do alcance dos parâmetros críticos. Na maior parte das vezes, os números não valem o suor gasto com eles.

Veja uma história que um amigo me enviou pela internet para enfatizar esse ponto:

> Quando me tornei proprietário, gastei muito tempo e energia tentando descobrir o que seria um valor de aluguel "justo".
>
> Tentei considerar todas as variáveis, incluindo a renda relativa dos inquilinos, minha renda e necessidade de fluxos de caixa, quais despesas eram de manutenção e quais eram de capital, valor do patrimônio e dos juros de pagamentos da hipoteca, quanto valia meu trabalho na manutenção da casa, etc.
>
> Não cheguei a lugar nenhum. Por fim, procurei alguém especializado em dar conselhos sobre dinheiro, que me disse: "Você está agindo como se houvesse uma linha tênue na qual o aluguel é justo. Em qualquer ponto acima dessa linha, o inquilino estaria sendo ferrado e em qualquer ponto abaixo você estaria sendo ferrado. Há uma grande área cinzenta na qual você e o inquilino podem fazer um bom negócio, ou pelo menos um negócio justo. Pare de se preocupar e vá em frente."[4]

11. *Buffers* – o tamanho dos estoques estabilizadores com relação a seus fluxos

Pense em uma banheira enorme com entradas e saídas lentas. Agora pense em uma banheira pequena com fluxos muito rápidos. Essa é a diferença entre um lago e um rio. Ouvimos falar de inundações catastróficas provocadas por rios com muito mais frequência do que de inundações catastróficas provocadas por lagos. Isso porque estoques grandes, com relação a seus fluxos, são mais estáveis que os pequenos. Na química e em outras áreas, um estoque grande e estabilizador é conhecido como *buffer*.

É o poder estabilizador dos *buffers* que explica por que você mantém o dinheiro no banco em vez de viver do fluxo de dinheiro em seu bolso. E por que as lojas mantêm um estoque grande em vez de pedir mercadorias tão logo os clientes saiam com elas. É também o motivo pelo qual precisamos manter mais que a mínima população reprodutora em uma espécie ameaçada. Os solos do leste dos Estados Unidos são mais sensíveis à chuva ácida que os solos do oeste, pois não têm grandes *buffers* de cálcio para neutralizar a acidez.

Muitas vezes é possível estabilizar um sistema aumentando a capacidade de um *buffer*.[5] Mas se um *buffer* for grande demais, o sistema se torna inflexível e reage de maneira muito lenta. Grandes *buffers,* como reservatórios de água ou de estoques, são muito caros para ser construídos e mantidos. As empresas inventaram o provisionamento *just-in-time*, porque a vulnerabilidade ocasional a flutuações ou falhas é mais barata (para elas, pelo menos) do que os custos de certos estoques constantes – e porque estoques pequenos permitem uma resposta mais flexível a mudanças de demanda.

Há uma vantagem, às vezes mágica, na alteração do tamanho dos *buffers*. Mas os *buffers,* em geral, são entidades físicas nada fáceis de mudar. A baixa capacidade de absorção de ácido dos solos a leste não é um ponto de alavancagem para aliviar os danos causados pela chuva ácida. A capacidade de armazenamento de uma barragem é moldada em concreto. Portanto, não coloquei os *buffers* em uma posição muito alta na lista de pontos de alavancagem.

10. Estruturas de estoque e fluxos – sistemas físicos e seus nós de interseção

A estrutura de encanamento – estoques, fluxos e sua disposição física – pode ter um efeito enorme sobre como o sistema opera. Quando o sistema rodoviário húngaro foi definido para que o tráfego tivesse que passar pelo centro de Budapeste, houve um aumento da poluição do ar e atrasos nos deslocamentos, situações que não são corrigidas com rapidez por dispositivos de controle de poluição, semáforos, ou limites de velocidade.

O único modo de consertar um sistema mal projetado é reconstruí-lo, se possível. Amory Lovins e sua equipe do Rocky Mountain Institute fizeram maravilhas na conservação de energia pelo simples fato de endireitar canos tortos e ampliar os que eram pequenos demais. Se fizéssemos algo semelhante em todos os prédios dos Estados Unidos, poderíamos fechar muitas das usinas de energia elétrica.

Porém, muitas vezes, a reconstrução física é a mudança mais lenta e cara para se fazer em um sistema. Algumas estruturas de estoque e fluxo são imutáveis. Nos Estados Unidos, o *baby boom* (grande aumento no índice de nascimentos após a Segunda Guerra Mundial) da população americana pressionou o sistema de ensino fundamental, depois o de ensino médio, depois as faculdades e depois ainda a oferta de empregos e moradia. Agora está pressionando o sistema de aposentadorias. Não há muito que possamos fazer a respeito, pois crianças de 5 anos se tornam crianças de 6 anos, assim como adultos de 64 anos se tornam adultos de 65 anos – previsível e irrefreavelmente. O mesmo pode ser dito em relação ao tempo de vida das destrutivas moléculas de CFC (clorofluorcarbonetos) na camada de ozônio, à taxa em que os poluentes são removidos dos aquíferos e ao fato de que uma frota de carros ineficientes leva de 10 a 20 anos para ser renovada.

Fundamental em um sistema, a estrutura física raras vezes constitui um ponto de alavancagem, pois sua mudança nem sempre é rápida ou simples. Um ponto de alavancagem, em primeiro lugar, advém de um projeto adequado. Após a construção, a alavancagem está em compreender limitações e gargalos, para que seja utilizada com a máxima eficiência, evitando oscilações ou expansões que esgotem sua capacidade.

9. Atrasos – os períodos de tempo relativos às taxas de alterações do sistema

Atrasos em ciclos de feedback são determinantes críticos do comportamento do sistema e causas comuns de oscilações. Se você está tentando ajustar um estoque (de uma loja, digamos) para atingir sua meta mas só recebe informações atrasadas sobre o estado do estoque, ultrapassará ou ficará abaixo da meta. O mesmo se aplica às suas informações que são oportunas, mas sua resposta não é. Por exemplo, construir uma usina elétrica que talvez dure 30 anos pode levar vários anos além do período previsto. Atrasos assim tornam impossível construir o número certo de usinas necessárias para suprir uma demanda de eletricidade que muda com rapidez. Ainda que haja um imenso esforço de previsão, quase todas as usinas elétricas do mundo passam por longas oscilações entre excesso e falta de capacidade. Um sistema não pode responder a mudanças de curto prazo quando tem atrasos de longo prazo. É por isso que grandes sistemas de planejamento central, como a União Soviética ou a General Motors, funcionam mal.

Como sabemos que são importantes, vemos atrasos para onde quer que olhemos. Por exemplo, o atraso entre o momento em que um poluente é despejado na terra e o momento em que escorre para as águas subterrâneas; o atraso entre o nascimento de uma pessoa e o momento em que está prestes a ter um filho; o atraso entre o primeiro teste bem-sucedido de uma nova tecnologia e o momento em que a tecnologia é implantada em toda a economia; ou o tempo que leva para um preço se ajustar a um desequilíbrio entre oferta e demanda.

Um atraso num processo de feedback é crítico *em relação aos índices de mudança nos estoques que o ciclo de feedback está tentando controlar*. Atrasos muito breves provocam reações exageradas, como "perseguir o próprio rabo", oscilações que podem ser ampliadas pela precipitação da resposta. Atrasos muito grandes causam oscilações amortecidas, continuadas ou explosivas, dependendo da duração. Atrasos excessivos podem ocorrer em um sistema com um limite, um ponto de perigo ou um intervalo definido, provocando sobrecarga e colapso.

Eu listaria a duração do atraso como um ponto de alta alavancagem, exceto pelo fato de que atrasos, em geral, não são facilmente mutáveis. As coisas demoram o tempo que demoram. Não há muito o que fazer em relação ao tempo de construção de um grande componente de capital, ao tempo de desenvolvimento de uma criança ou à velocidade de crescimento de uma floresta. É mais fácil *desacelerar o ritmo de mudança*, para que os inevitáveis atrasos de feedback não causem tantos problemas. Eis por que os índices de crescimento estão acima dos tempos de atraso na lista de pontos de alavancagem.

Eis por que desacelerar o crescimento econômico é um ponto de alavancagem maior, no modelo Forrester's World (modelo social proposto por Jay Forrester em 1972), do que um desenvolvimento tecnológico mais rápido ou preços de mercado mais livres – que são tentativas de acelerar a taxa de ajuste. Mas o estoque de capital físico do mundo, suas fábricas e caldeiras, as manifestações concretas de suas tecnologias de trabalho, só podem mudar até certo ponto, mesmo diante de novos preços ou novas ideias – e preços e ideias também não mudam instantaneamente, não em uma cultura global. Há mais vantagens em desacelerar o sistema para que tecnologias e preços possam acompanhá-lo do que em desejar que os atrasos desapareçam.

Mas se houver um atraso em seu sistema que possa ser alterado, alterá-lo pode ter grandes efeitos. Atenção! Certifique-se de mudá-lo na direção certa. (Por exemplo, reduzir atrasos nas informações e nas transferências de dinheiro e nos mercados financeiros só vai provocar giros desenfreados.)

8. Ciclos de feedback de equilíbrio – a força dos feedbacks em relação aos impactos que tentam corrigir

Agora estamos começando a passar da parte física do sistema para as áreas de informação e controle, onde mais alavancagem pode ser encontrada.

Os ciclos de feedback de equilíbrio são onipresentes nos sistemas. A natureza os desenvolve, os humanos os inventam como controles para manter estoques importantes dentro de limites seguros. Um ciclo de termostato é um exemplo clássico. O objetivo é manter o estoque do sistema chamado "temperatura da sala", de forma razoavelmente constante, próximo a um nível desejado. Qualquer ciclo de feedback de equilíbrio precisa de uma meta (a configuração do termostato), um dispositivo de monitoramento e sinalização para detectar desvio da meta (o termostato) e um mecanismo de resposta (o aquecedor e/ou ar-condicionado, ventiladores, bombas, tubos, combustível, etc.).

Um sistema complexo tem vários ciclos de feedback de equilíbrio que pode acionar, de modo a se autocorrigir sob diferentes condições e impactos. Alguns desses ciclos podem permanecer inativos a maior parte do tempo – como o sistema de resfriamento de emergência em uma usina nuclear ou nossa capacidade de suar ou tremer para mantermos a temperatura do corpo – mas sua presença é fundamental para o bem-estar do sistema a longo prazo.

Um dos grandes erros que cometemos é eliminar esses mecanismos de resposta de "emergência" porque não são usados frequentemente e custam caro. No curto prazo, não vemos nenhum problema em fazer isso. A longo prazo, reduzimos muito a gama de condições em que o sistema pode sobreviver. Uma das formas mais dolorosas de fazermos isso é invadirmos os habitats de espécies ameaçadas de extinção. Outra é invadirmos nosso tempo para descanso, recreação, socialização e meditação.

A força de um ciclo de equilíbrio – sua capacidade de manter o estoque próximo ao objetivo – depende da combinação de todos os parâmetros e links – a precisão e a rapidez do monitoramento, a rapidez e o poder da resposta, a objetividade e o tamanho dos fluxos corretivos. Às vezes, há pontos de alavancagem aqui.

Vejamos os mercados: os sistemas de feedback de equilíbrio são quase adorados por muitos economistas. Podem, de fato, ser as maravilhas da autocorreção, pois os preços variam para moderar oferta e demanda e mantê-las em equilíbrio. O preço constitui a peça central de informação tanto para os produtores quanto para os consumidores. Quanto mais for mantido claro, inequívoco, oportuno e verdadeiro, mais os mercados funcionarão com tranquilidade. Preços que refletem os custos *totais* informarão aos consumidores quanto podem pagar e recompensarão os produtores eficientes. Empresas e governos são atraídos pelo ponto de alavancagem de preços, mas muitas vezes o empurram com determinação na direção errada mediante subsídios, impostos e outras formas de desordem.

Essas modificações enfraquecem o poder de feedback dos sinais do mercado, distorcendo as informações a seu favor. A *verdadeira* alavancagem aqui é impedi-las de fazê-lo. Portanto, a necessidade de leis antitruste e de leis que exijam conteúdo verdadeiro na publicidade, de internalização de custos (como taxas de poluição) remoção de subsídios perversos – além de outras medidas para nivelar o mercado.

Fortalecer e esclarecer os sinais do mercado usando a contabilidade de custo total, por exemplo, não adianta muito hoje em dia, em função do enfraquecimento de outro conjunto de ciclos de feedback de equilíbrio – o da democracia. Este grande sistema foi inventado para estabelecer um feedback autocorretivo entre o povo e seu governo. O povo, informado sobre o que seus representantes fazem, responde votando neles ou não. O processo depende do fluxo livre, completo e imparcial de informações entre o eleitorado e os líderes. Bilhões de dólares são gastos para limitar, influenciar e dominar esse fluxo de informações claras. Dê às pessoas que querem distorcer os sinais de preço de mercado o poder de influenciar os líderes do governo, permita que os distribuidores de informações sejam parceiros do interesse próprio e nenhum dos feedbacks de equilíbrio funcionará bem. Tanto o mercado quanto a democracia se desgastam.

A força de um ciclo de feedback de equilíbrio é importante *em relação ao impacto que foi projetado para corrigir*. Se o impacto aumenta em força, os feedbacks também devem ser fortalecidos. Um sistema de termostato pode funcionar bem em um dia frio de inverno – mas abra todas as janelas e seu poder corretivo não será compatível com a mudança de temperatura imposta ao sistema. A democracia funciona melhor sem o poder de lavagem cerebral das comunicações de massa centralizadas. Os controles tradicionais sobre a pesca foram suficientes até que a detecção por sonar, redes de deriva e outras tecnologias permitiram que alguns agentes capturassem peixes em uma quantidade antes impensável. O poder da grande indústria exige o poder de um grande governo para mantê-la sob controle; uma economia global requer regulamentações globais.

Exemplos de fortalecimento dos controles de feedback de equilíbrio para aumentar a capacidade de autocorreção de um sistema incluem:

- medicina preventiva, exercícios e boa alimentação para reforçar a capacidade do corpo de combater doenças;
- manejo integrado de pragas na agricultura para incentivar predadores naturais;
- leis de liberdade de informação para aumentar a transparência do governo;
- sistemas de monitoramento para relatar danos ambientais;
- proteção para delatores; e
- taxas de impacto, taxas de poluição e títulos de desempenho para recapturar os custos públicos decorrentes de benefícios privados.

7. Ciclos de feedback de reforço – a força dos ganhos dos ciclos de condução

Um ciclo de feedback de equilíbrio é autocorretivo; um ciclo de feedback de reforço é autorreforçador. Quanto mais funciona, mais ganha força para trabalhar um pouco mais, conduzindo o comportamento do sistema em determinada direção. Quanto mais as pessoas pegam gripe, mais infectam outras pessoas. Quanto mais bebês nascem, mais pessoas crescem para ter bebês. Quanto mais dinheiro você tem no banco, mais juros ganha e mais dinheiro tem no banco. Quanto mais sofre erosão, menos vegetação o solo pode suportar; e quanto menos raízes e folhas para suavizar o escoamento provocado pelas chuvas, mais o solo sofre erosão. Quanto mais nêutrons de alta energia há na massa crítica, mais colidem com os núcleos, gerando mais nêutrons de alta energia e produzindo uma explosão ou fusão nuclear.

Os ciclos de feedback de reforço são fontes de crescimento, explosão, erosão e colapso nos sistemas. Sistemas com um ciclo de reforço não verificado acabarão destruindo a si mesmos. Por isso existem tão poucos. Normalmente, um ciclo de equilíbrio entrará em ação mais cedo ou mais tarde. A epidemia já não contará com pessoas infectáveis – ou as pessoas tomarão medidas cada vez mais rigorosas para não ser infectadas. A taxa de mortalidade aumentará para igualar a taxa de natalidade – ou as pessoas sofrerão as consequências de um crescimento populacional descontrolado e terão menos bebês. O solo será erodido até virar rocha; após um milhão de anos, a rocha se desintegrará e formará um novo solo – ou as pessoas construirão barragens, plantarão árvores e deixarão de explorar por demais a terra, interrompendo assim a erosão.

Em todos esses exemplos, o primeiro resultado é o que acontecerá se o laço de reforço seguir seu curso, o segundo é o que acontecerá se houver uma intervenção para reduzir seu poder de multiplicação. Reduzir o ganho advindo de um ciclo de reforço – retardando o crescimento – é um ponto de alavancagem mais poderoso nos sistemas do que fortalecer ciclos de equilíbrio e muito mais preferível do que deixar o ciclo de reforço funcionar.

Os índices de crescimento econômico e populacional, no modelo do mundo concebido por Jay Forrester, são pontos de alavancagem, pois reduzi-los oferece tempo para que os muitos ciclos de equilíbrio funcionem, por meio de tecnologia, mercados e outras formas de adaptação (todas com limites e atrasos). É o mesmo que desacelerar o carro quando você está dirigindo muito rápido em vez de exigir freios mais responsivos ou avanços técnicos na dirigibilidade.

Existem muitos ciclos de feedback de reforço na sociedade que recompensam os vencedores de uma competição com recursos para vencer ainda mais na próxima vez – a armadilha do "sucesso para os bem-sucedidos". Os ricos cobram juros; os pobres os pagam. Os ricos contratam contadores e pressionam os políticos para reduzir os impostos; os pobres não têm como fazer isso. Os ricos legam heranças e dão boa educação aos filhos. Os programas de combate à pobreza são ciclos de equilíbrio fracos que tentam se contrapor a esses poderosos ciclos de reforço – quando seria muito mais eficaz enfraquecê-los. É o que o imposto de renda progressivo, o imposto sobre heranças e os programas de educação pública universal de alta qualidade deveriam fazer. Se os ricos podem influenciar o governo a enfraquecer, em vez de fortalecer, essas medidas, então o próprio governo passa de uma estrutura de equilíbrio para outra que reforça o sucesso dos bem-sucedidos.

Procure por pontos de alavancagem em taxas de natalidade, taxas de juros, taxas de erosão e ciclos de "sucesso para os bem-sucedidos" – em qualquer lugar onde quanto mais riquezas um indivíduo tem, mais possibilidades ele tem de aumentá-las.

6. Fluxos de informação – a estrutura de quem tem e de quem não tem acesso à informação

No Capítulo 4, examinamos a história do medidor de eletricidade num conjunto habitacional holandês. Em algumas das casas o medidor foi instalado no porão; em outras, no hall de entrada. Sem que houvesse outras diferenças nas casas, o consumo de eletricidade era 30% menor nas casas onde o medidor estava no hall de entrada, local com ampla visibilidade.

Adoro essa história, pois exemplifica o papel de um ponto de alta alavancagem na estrutura de informações de um sistema: não como um ajuste de parâmetros, nem como um fortalecimento ou enfraquecimento de um ciclo de feedback existente, mas como um novo ciclo, que entrega feedback onde antes não havia nenhum.

A falta de fluxos de informação é uma das causas mais comuns do mau funcionamento de um sistema. Adicionar ou restaurar informações pode ser uma intervenção poderosa, muito mais fácil e barata que reconstruir a infraestrutura física. A tragédia dos comuns, que está destruindo a pesca comercial do mundo, ocorre porque há pouco feedback sobre o estado da população de peixes, por exemplo, ou a conveniência de investir em barcos de pesca. Ao contrário do que afirmam alguns economistas, o preço do peixe não oferece esse feedback. À medida que escasseiam, os peixes vão se tornando mais caros, e se torna ainda mais lucrativo pescar os últimos – um feedback perverso, um ciclo de reforço que leva ao colapso. Não são informações sobre preços que se fazem necessárias, e sim informação sobre a população.

É importante que o feedback ausente seja devolvido ao lugar certo e de modo convincente. Para dar outro exemplo de tragédia dos comuns: não basta informar a todos os usuários de um aquífero que o nível das águas subterrâneas está caindo. Isso poderia dar início a uma corrida que acabaria esgotando a reserva. Mais eficaz seria aumentar brutalmente o preço da água quando a taxa de bombeamento começasse a exceder a taxa de recarga.

Outros exemplos de feedback convincente não são difíceis de encontrar. Suponha que os contribuintes tenham que especificar, nos formulários de declaração de renda, em quais serviços públicos os impostos devem ser gastos (democracia radical). Suponha que qualquer cidade ou empresa que instale uma tubulação de entrada de água em um rio tenha que posicioná-la a jusante de sua tubulação de escoamento de águas residuais. Suponha que qualquer funcionário, público ou privado, que tenha tomado a decisão de investir em uma usina nuclear tenha de armazenar os resíduos dessa instalação no quintal de sua casa. Suponha (esta é antiga) que os políticos que declaram guerras fossem obrigados a lutar na linha de frente.

Há uma tendência sistemática a não assumir responsabilidade pelas próprias decisões. Eis por que há tantos ciclos de feedback ausentes e por que esse tipo de alavancagem é popular entre as massas, impopular entre os detentores do poder e eficaz, caso alguém consiga que os detentores do poder o autorizem (ou mesmo o ponham em prática).

5. Regras – incentivos, punições, restrições

As regras do sistema definem seu objetivo, seus limites e seus graus de liberdade. Não matarás. Todos têm direito à liberdade de expressão. Contratos devem ser honrados. O presidente cumpre um mandato de quatro anos e não pode cumprir mais do que dois mandatos. Se alguém for pego roubando um banco, vai para a cadeia.

Ao assumir o poder na União Soviética, Mikhail Gorbachev abriu fluxos de informação (*glasnost*) e mudou as regras da economia (*perestroika*). Com isso, a União Soviética passou por uma enorme mudança.

As constituições são os maiores exemplos de regras sociais. Leis físicas, como a segunda lei da termodinâmica, são regras absolutas, quer as entendamos ou não, quer gostemos delas ou não. Leis, punições, incentivos e acordos sociais informais são regras progressivamente mais fracas.

Para demonstrar o poder das regras, gosto de pedir aos meus alunos que imaginem regras diferentes para uma faculdade. Suponha que os alunos dessem notas aos professores, ou uns aos outros. Suponha que não houvesse diplomas: você viria para a faculdade quando quisesse aprender algo e sairia depois de aprender. Suponha que a estabilidade no emprego fosse concedida a professores por sua capacidade de resolver problemas do mundo real, e não pela publicação de trabalhos acadêmicos. Suponha que uma turma fosse avaliada como um grupo em vez de como indivíduos.

Se tentarmos imaginar uma reestruturação das regras e qual seria nosso comportamento subsequente, passamos a entender o poder das regras. São pontos de alta alavancagem. O poder sobre as regras é real. Eis por que os lobistas se reúnem quando o Congresso redige leis, e por que a Suprema Corte, que interpreta e delineia a Constituição – as regras para redigir as regras –, tem ainda mais poder que o Congresso. Se você quiser entender as avarias mais profundas de um sistema, preste atenção nas regras e em quem tem poder sobre elas.

Foi o que levou minha intuição sobre sistemas a acionar campainhas de alarme quando me explicaram o novo sistema de comércio mundial. Trata-se de um sistema com regras elaboradas por corporações, administradas por corporações e em benefício de corporações. As regras excluem quase todos os feedbacks de outros setores da sociedade. A maioria das reuniões de seus idealizadores é fechada até para a imprensa (sem fluxo de informação, sem feedback). Esse sistema leva as nações a uma corrida para o fundo do poço, competindo entre si para enfraquecer salvaguardas ambientais e sociais, de modo a atrair investimentos corporativos. É uma receita para criar ciclos de "sucesso para os bem-sucedidos" que produzirão enormes acumulações de poder e enormes sistemas de planejamento centralizado, os quais acabarão destruindo a si mesmos.

4. Auto-organização – o poder de aumentar, mudar ou desenvolver a estrutura do sistema

A coisa mais impressionante que os sistemas vivos e alguns sistemas sociais podem fazer é modificar por completo a si mesmos, criando estruturas e comportamentos novos. Em sistemas biológicos, esse poder é chamado de evolução. Nas economias humanas, é chamado de avanço tecnológico ou revolução social. No jargão dos sistemas, é chamado de auto-organização.

Auto-organização significa mudar qualquer aspecto de um sistema acrescentando estruturas físicas novas, como cérebros, asas ou computadores, assim como novos ciclos de equilíbrio, novos ciclos de reforço ou novas regras. A capacidade de auto-organização é a forma mais poderosa de resiliência do sistema. Um sistema que pode evoluir pode sobreviver a quase qualquer mudança, mudando a si mesmo. O sistema imunológico humano tem o poder de desenvolver novas respostas a tipos de ataques que nunca sofreu. O cérebro humano pode receber novas informações e desenvolver pensamentos completamente novos.

O poder da auto-organização parece tão maravilhoso que tendemos a considerá-lo misterioso, um milagre dos céus. Economistas costumam definir a tecnologia como mágica – vem do nada, não custa nada e aumenta a produtividade da economia todos os anos, em um percentual constante. Durante séculos, as pessoas contemplavam a espetacular variedade da natureza com a mesma admiração. Só mesmo um criador divino poderia gerar tal maravilha.

Uma investigação mais aprofundada dos sistemas auto-organizados revela que o criador divino, caso haja um, não precisa produzir milagres evolutivos. Basta escrever *regras inteligentes para algum tipo de auto-organização*. Elas governariam como, onde e o que o sistema poderia adicionar a si mesmo ou subtrair de si mesmo, e sob quais condições. Como centenas de modelos de computador auto-organizados demonstraram, padrões complexos e encantadores podem evoluir a partir de conjuntos de regras bastante simples. O código genético dentro do DNA, a base de toda evolução biológica, contém apenas quatro letras diferentes, combinadas em palavras de três letras cada. Este padrão e as regras para replicá-lo e reorganizá-lo têm sido constantes há cerca de 3 bilhões de anos, durante os quais produziram uma variedade inimaginável de criaturas auto-organizadas, tanto fracassadas quanto bem-sucedidas.

A auto-organização é uma questão de matéria-prima evolucionária – um estoque de informações variável do qual se faz uma seleção de padrões possíveis, assim como um meio de experimentação para testar novos padrões. Para a evolução biológica, a matéria-prima é o DNA;

uma das fontes de variedade é a mutação espontânea; e o mecanismo de seleção é um ambiente em mudança, em que alguns indivíduos não sobrevivem para se reproduzir. Para a tecnologia, a matéria-prima é o conhecimento que a ciência armazenou nos cérebros de seus praticantes e depois em bibliotecas; a fonte de variedade é a criatividade humana (seja lá o que for); e o mecanismo de seleção pode ser qualquer coisa que atenda às necessidades humanas, que o mercado recompense e que governos e fundações financiem.

Quando entendemos o poder da auto-organização do sistema, começamos a compreender por que os biólogos idolatram a biodiversidade ainda mais do que os economistas idolatram a tecnologia. O estoque variado de DNA, que evoluiu e se acumulou ao longo de bilhões de anos, é a fonte do potencial evolutivo, assim como bibliotecas científicas, laboratórios e universidades, onde os cientistas são treinados e constituem a fonte do potencial tecnológico. Permitir que espécies sejam extintas é um crime sistêmico, da mesma forma que eliminar aleatoriamente todas as cópias de determinadas revistas científicas ou tipos específicos de cientistas.

O mesmo pode ser dito das culturas humanas, que são o estoque de repertórios comportamentais, acumulados durante centenas de milhares de anos. São um estoque do qual pode surgir a evolução social. Infelizmente, as pessoas valorizam o precioso potencial evolutivo das culturas ainda menos do que entendem a preciosidade de cada variação genética nos esquilos terrestres do mundo. Talvez porque um dos aspectos de quase todas as culturas é a crença na total superioridade da respectiva cultura.

A insistência em uma única cultura interrompe o aprendizado e reduz a resiliência. Qualquer sistema, biológico, econômico ou social, que fica tão emperrado a ponto de não poder evoluir, que sistematicamente despreza a experimentação e elimina a matéria-prima da inovação, está condenado a desaparecer deste planeta variável.

O ponto de intervenção aqui é óbvio, embora impopular. Incentivar a variabilidade, a experimentação e a diversidade significa "perder o controle". Deixe mil flores desabrochar e *qualquer coisa* pode acontecer. Quem deseja isso? Vamos optar pelo seguro e empurrar a alavanca na direção errada, eliminando a diversidade biológica, cultural, social e econômica.

3. Objetivos – o propósito ou a função do sistema

As consequências da pressão pelo controle, que destrói a diversidade, demonstram por que o objetivo de um sistema é encontrar um ponto de alavancagem superior à capacidade de auto-organização do sistema. Se o objetivo é colocar o mundo sob controle de um sistema de planejamento central específico (o império de Genghis Khan, a Igreja, a República Popular da China, o Walmart, a Disney), então tudo mais abaixo da lista – estoques e fluxos físicos, ciclos de feedback, fluxos de informação, até mesmo comportamentos auto-organizados – será distorcido para se adequar a esse objetivo.

É por isso que não posso entrar em discussões sobre se a engenharia genética é uma coisa "boa" ou "ruim". Como todas as tecnologias, depende de quem a empunha e com que objetivo. A única coisa que se pode dizer é que se as corporações a utilizarem com o propósito de gerar produtos comercializáveis, o objetivo será muito diferente, o mecanismo de seleção será muito diferente, a direção da evolução será muito diferente de tudo o que o planeta viu até agora.

Como meus pequenos exemplos de ciclo único mostraram, a maioria dos ciclos de feedback de equilíbrio dentro dos sistemas tem seus próprios objetivos – manter a água do banho no nível certo, manter a temperatura ambiente confortável, manter estoques em níveis suficientes, manter água suficiente atrás da barragem. Esses objetivos são importantes pontos de alavancagem para partes dos sistemas, e a maioria das pessoas percebe isso. Se você quiser um ambiente mais quente, sabe que a configuração do termostato é o lugar certo para intervir. Mas existem objetivos maiores, menos óbvios e de maior alavancagem: os de todo o sistema.

Mesmo as pessoas que estão dentro dos sistemas não costumam perceber qual objetivo do sistema, como um todo, estão servindo. "Para obter lucros", diria a maioria das corporações. Mas é apenas uma regra, uma condição necessária para permanecer no jogo. Qual é o objetivo do jogo? Crescer, aumentar a participação de mercado, colocar o mundo (clientes, fornecedores, reguladores) cada vez mais sob o controle da corporação, de modo que as operações fiquem mais protegidas da incerteza. John Kenneth Galbraith reconheceu esse objetivo corporativo – engolir tudo – há muito tempo.[6] É o objetivo de um câncer também. Constitui o objetivo de todas as pessoas vivas – ruim somente quando deixa de ser monitorado por ciclos de feedback de equilíbrio em nível superior, que jamais permitem que uma entidade controlada por um ciclo de poder domine o mundo. O objetivo de manter o mercado competitivo deve superar o propósito de cada corporação, que é eliminar os concorrentes; assim como nos ecossistemas a intenção de manter as populações em equilíbrio deve superar a meta de cada população, que é se reproduzir sem limites.

Há algum tempo eu disse que mudar os agentes no sistema é uma intervenção de baixo nível, desde que os agentes se encaixem no mesmo sistema antigo. A exceção a essa regra está no topo, em que um único agente pode ter o poder de mudar o objetivo do sistema. Observei mesmerizada como – só muito ocasionalmente – um novo líder em uma organização, do Dartmouth College à Alemanha nazista, enuncia um novo objetivo e desvia centenas, milhares ou milhões de pessoas inteligentes e racionais para uma nova direção.

Foi o que fez Ronald Reagan, e nós vimos isso acontecer. Pouco antes de assumir o cargo, um presidente poderia dizer: "Não pergunte o que o governo pode fazer por você, pergunte o que você pode fazer pelo governo", sem que ninguém risse. Mas Reagan declarou repetidamente que o objetivo não é levar as pessoas a ajudar o governo nem levar o governo a ajudar as pessoas, mas tirar o governo de nossas costas. Pode-se argumentar, e eu o faria, que mudanças maiores no sistema e a ascensão do poder corporativo sobre o governo o deixaram ir em frente. Mas o rigor com que o discurso público nos Estados Unidos (e mesmo no mundo) mudou desde Reagan é um testemunho da alta alavancagem de articular, repetir, defender e insistir em novos objetivos para o sistema.

**2. Paradigmas – a mentalidade a partir da qual surge o sistema –
com sua estrutura, seus objetivos, suas regras, seus atrasos
e seus parâmetros**

Outro dos famosos provérbios de sistemas de Jay Forrester diz: não importa como a lei tributária de um país é escrita. Há uma ideia compartilhada na mente da sociedade a respeito do que é uma distribuição "justa" da carga tributária. Independentemente do que digam as leis, os pagamentos reais de impostos vão sempre contra a ideia aceita de "justiça" – e a resistência a elas se expressa por meios justos ou ardilosos, complicações ou trapaças, isenções, deduções ou constantes críticas às regras.

A ideia compartilhada nas mentes da sociedade, as grandes suposições não declaradas, constituem o paradigma dessa sociedade, ou o conjunto mais profundo de crenças sobre como o mundo funciona. Essas crenças não são declaradas porque é desnecessário declará-las – todo mundo já as conhece. O dinheiro mede algo real e tem um significado real; portanto, as pessoas que recebem menos valem menos. O crescimento é bom. A natureza é um estoque de recursos a serem convertidos para fins humanos. A evolução parou com o surgimento do *Homo sapiens*. Pode-se "possuir" a terra. Essas são algumas das suposições paradigmáticas de nossa cultura atual, as quais deixaram outras culturas, que não as consideravam nem um pouco óbvias, estupefatas.

Os paradigmas são as fontes dos sistemas. A partir deles, assim como dos acordos sociais sobre a natureza da realidade, provêm os objetivos do sistema e os fluxos de informação, feedbacks, estoques, fluxos e tudo mais sobre sistemas. Ninguém nunca deu melhor definição que Ralph Waldo Emerson:

> Cada nação e cada homem se cercam de um aparelho material que corresponde a seu estado de pensamento. Observe como toda verdade e todo erro, cada pensamento de algum homem, se revestem de sociedades, casas, cidades, línguas, cerimônias, jornais. Observe as ideias dos dias atuais (...) veja como madeira, tijolo, cal e pedras assumiram uma forma conveniente, obedientes à ideia mestra que reinava na mente de muitas pessoas. Entenda-se, é claro, que a menor ampliação das ideias provocaria mudanças marcantes nas coisas externas.[7]

Os antigos egípcios construíram pirâmides porque acreditavam na vida após a morte. Nós construímos prédios porque acreditamos que o espaço no centro das cidades é valioso. Sejam Copérnico e Kepler demonstrando que a Terra não é o centro do universo, Einstein propondo que matéria e energia são intercambiáveis ou Adam Smith postulando que as ações egoístas de agentes individuais nos mercados agem em benefício do bem comum, pessoas que conseguiram intervir nos sistemas ao nível dos paradigmas atingem um ponto de alavancagem que transforma os sistemas.

Você poderia dizer que os paradigmas são mais difíceis de mudar do que qualquer outra coisa em um sistema e que, portanto, esse item deveria estar lá embaixo na lista, e não ser o segundo mais alto. Mas não há nada físico, dispendioso ou mesmo lento no processo de mudança de paradigmas. Em um só indivíduo isso pode acontecer em um milissegundo. Basta um clique na mente e surge uma nova maneira de ver as coisas. Sociedades inteiras são outra questão – resistem aos desafios de seus paradigmas com mais força do que resistem a qualquer outra coisa.

Então, como se mudam paradigmas? Thomas Kuhn, que escreveu o livro seminal sobre as grandes mudanças paradigmáticas da ciência, tem muito a dizer sobre isto.[8] É preciso continuar apontando para as anomalias e falhas do velho paradigma. É preciso continuar falando e agindo, em voz alta e com segurança, a respeito do novo. É preciso que pessoas com o novo paradigma sejam inseridas em lugares de visibilidade e poder. Não se deve perder tempo com reacionários, e sim trabalhar com agentes de mudança ativos e pessoas de mente aberta.

Os modeladores de sistemas dizem que mudamos paradigmas construindo um modelo de sistema que nos leve para fora do sistema e nos obrigue a vê-lo como um todo. Digo isso porque meus próprios paradigmas foram alterados dessa forma.

1. Transcendendo os paradigmas

Há um ponto de alavancagem ainda maior que a mudança de um paradigma. É nos mantermos desapegados na arena dos paradigmas, permanecermos flexíveis, percebermos que nenhum paradigma é "verdadeiro" e que cada um, inclusive aquele que molda nossa visão de mundo, é uma compreensão limitada de um universo imenso e surpreendente. Um universo que está muito além da compreensão humana. É "captarmos", em nível visceral, o paradigma de que existem paradigmas, e ver que isso, em si, já é um paradigma; e considerarmos toda essa percepção como engraçada. É deixarmos nos levar para o não saber, para o que os budistas chamam de iluminação.

As pessoas que se apegam a paradigmas (ou seja, quase todos nós) ponderam a ampla possibilidade de que tudo o que pensam seja absurdo e logo pedalam na direção oposta. Não há nenhum poder, nenhum controle, nenhum entendimento, nenhum motivo para viver, muito menos para agir, incorporado à noção de que não há certeza em nenhuma visão de mundo. Mas todos que conseguiram alimentar essa ideia, por um momento, ou por toda a vida, descobriram que ela é a base para o empoderamento radical. Se nenhum paradigma estiver certo, você pode escolher qualquer um que o ajude a alcançar seu propósito. Se você não tiver nenhuma ideia a respeito de como obter um propósito, pode ouvir o universo.

É nesse espaço de domínio de paradigmas que as pessoas se livram dos vícios, vivem em constante alegria, derrubam impérios, são presas, queimadas na fogueira, crucificadas ou fuziladas e provocam impactos que duram milênios.

Há muito que se pode dizer para qualificar a lista de lugares com a intenção de intervir em um sistema. Trata-se de uma lista provisória e sua ordem é escorregadia. Existem exceções para cada item que podem movê-lo para cima ou para baixo na ordem de alavancagem. Ter a lista impregnando meu subconsciente durante anos não me transformou na Supermulher. Quanto mais alto for o ponto de alavancagem, mais o sistema resistirá a mudá-lo – eis por que as sociedades em geral eliminam os seres iluminados.

Os pontos de alavancagem mágicos não são muito acessíveis, ainda que saibamos onde estão e em que direção devemos empurrá-los. Não há bilhetes baratos para a maestria. É preciso trabalhar duro para obtê-la, quer signifique analisar com rigor um sistema ou rejeitar com firmeza seus paradigmas e mergulhar na humildade da ignorância. No final, parece que a maestria tem menos a ver com mover pontos de alavancagem do que com estrategicamente, profundamente, loucamente, relaxar e dançar com o sistema.

7

Vivendo em um mundo de sistemas

O verdadeiro problema com este nosso mundo não é que seja um mundo irracional, nem que seja razoável. O tipo mais comum de problema é que o mundo é quase razoável, mas não exatamente. A vida não é uma coisa sem lógica, mas é uma armadilha para os lógicos. E parece um pouco mais matemática e regular do que é.

– G. K. CHESTERTON,[1] escritor do século XX

As pessoas que cresceram no mundo industrial e que se entusiasmam com o pensamento sistêmico podem cometer um erro terrível. É provável que presumam que na análise de sistemas, nas interconexões, nas complicações e no poder do computador está a chave para a previsão e o controle. É um erro possível, pois a mentalidade do mundo industrial pressupõe que existe uma chave para a previsão e o controle.

Presumi isso também, no início. Todos nós, ansiosos estudantes de sistemas da grande instituição chamada MIT, tivemos esse mesmo tipo de intuição. Inocentemente encantados com o que podíamos ver através de nossas novas lentes, fizemos o que muitos descobridores fazem: exageramos nas descobertas. Não o fizemos com a intenção de enganar os outros, mas para expressarmos expectativas e esperanças. O pensamento sistêmico, para nós, era mais do que um jogo mental sutil e complicado. Era algo que *faria os sistemas funcionarem.*

Como os exploradores em busca da passagem para as Índias que depararam com o Hemisfério Ocidental, encontramos algo, mas não o que pensávamos ter encontrado. Era algo tão diferente do que estávamos procurando que não sabíamos o que fazer. À medida que passamos a conhecer melhor o pensamento sistêmico, ele passou a ter mais valor do que pensávamos, mas não da forma como pensávamos.

A primeira punição veio quando aprendemos que uma coisa é entender como consertar um sistema e outra, bem diferente, é consertá-lo. Tivemos muitas discussões sérias sobre o tópico de "implementação", que para nós significava "como fazer com que gestores, prefeitos e chefes de agências sigam nossos conselhos".

A verdade é que nem mesmo *nós* seguimos nossos conselhos. Demos palestras eruditas sobre a estrutura dos vícios, mas não conseguimos abandonar o café. Sabíamos tudo sobre a dinâmica da erosão de metas e erodimos os próprios programas de corrida. Advertimos as pessoas contra as armadilhas da escalada e da transferência de ônus e nelas caímos em nossos casamentos.

Os sistemas sociais são manifestações externas de padrões culturais de pensamento, de profundas necessidades humanas, de emoções, de pontos fortes e de pontos fracos. Mudá-los não é tão simples quanto dizer "agora tudo muda", nem acreditar que aquele que conhece o bem fará o bem.

Encontramos outro problema. Nossa compreensão dos sistemas nos ajudou a entender muitas coisas que não entendíamos antes, mas não nos ajudou a entender tudo. Os sistemas levantaram tantas perguntas quanto responderam. Como todas as outras lentes que a humanidade desenvolveu para perscrutar macrocosmos e microcosmos, esta nova ferramenta também nos revelou ideias novas e maravilhosas, muitas das quais eram novos mistérios admiráveis – que estavam sobretudo na mente, no coração e na alma dos seres humanos. Abordamos aqui algumas das perguntas que foram levantadas por nossa percepção a respeito de como os sistemas funcionam.

Uma compreensão de sistemas... pode levantar mais perguntas.

Os pensadores sistêmicos não são de modo algum as primeiras ou as únicas pessoas a fazer perguntas como essas. Quando começamos a fazê--las também, encontramos disciplinas inteiras, bibliotecas e narrativas levantando as mesmas questões e, em certa medida, oferecendo respostas. O que foi algo único, em nossa busca, não foram nossas respostas, ou mesmo nossas perguntas, mas o fato de que a ferramenta do pensamento sistêmico, nascida da engenharia e da matemática, implementada por computadores e extraída de uma mentalidade mecanicista em busca de previsão e controle, leva os praticantes, acredito eu, a confrontar os mais profundos mistérios humanos. O pensamento sistêmico deixa claro, até para o tecnocrata mais comprometido, que se sair bem neste mundo de sistemas complexos exige mais que tecnocracia.

Um novo ciclo de feedback de informações *neste* ponto do sistema o levará a se comportar muito melhor. Mas os tomadores de decisão são resistentes às informações de que precisam. Não prestam atenção nelas, não acreditam nelas, não sabem interpretá-las.

Por que as pessoas classificam e selecionam as informações da maneira como fazem? Como determinam o que deixar entrar e o que deixar sair, o que considerar e o que ignorar ou menosprezar? Expostas à mesma informação, como pessoas diferentes absorvem mensagens diferentes e tiram conclusões diferentes?

Se *este* ciclo de feedback pudesse ser orientado apenas em torno *daquele* valor, o sistema produziria um resultado que todos desejam. (Não mais energia, mas mais serviços de energia. Não PNB maior, mas suficiência material e segurança. Não crescimento, mas progresso.) Não temos que mudar os valores de ninguém, temos apenas que fazer o sistema operar em torno de valores reais.

O que são valores? De onde vêm? São universais, ou culturalmente determinados? O que leva uma pessoa ou uma sociedade a desistir de alcançar "valores reais" e se contentar com substitutos baratos? Como ajustar um ciclo de feedback para qualidades que não se pode medir em vez de quantidades que se pode medir?

Eis um sistema que parece perverso em todos os aspectos. Produz ineficiência, feiura, degradação ambiental e miséria humana. Mas se o removermos, não teremos sistema. Nada é mais assustador do que isso. (Enquanto escrevo, tenho em mente o antigo sistema comunista da União Soviética, mas não é o único exemplo possível.)

Por que os períodos com estrutura mínima e liberdade máxima para criar são tão assustadores? Como uma forma de ver o mundo se torna tão compartilhada que instituições, tecnologias, sistemas de produção, cidades e edificações são moldadas em torno desse conceito? Como os sistemas criam culturas? Como as culturas criam sistemas? Se uma cultura e um sistema forem considerados insuficientes, terão que mudar mediante colapso e caos?

As pessoas neste sistema estão tolerando comportamentos deletérios porque têm medo de mudanças. Não acreditam que um sistema melhor seja possível. Acham que não têm poder para exigir ou introduzir melhorias.

Por que as pessoas são tão facilmente convencidas de sua impotência? Como se tornam tão céticas com relação à própria capacidade de alcançar suas perspectivas? Por que são mais propensas a ouvir quem diz que elas não podem fazer mudanças do que quem afirma que elas podem?

Os sistemas de feedback auto-organizados e não lineares são inerentemente imprevisíveis. Não são controláveis. São compreensíveis apenas de modo mais geral. O objetivo de prever o futuro com exatidão e se preparar para ele com perfeição é irrealizável. A ideia de fazer um sistema complexo fazer o que você quer que ele faça pode ser alcançada apenas de maneira temporária, na melhor das hipóteses. Nunca poderemos entender por completo o mundo, não da forma que a ciência reducionista nos levou a esperar. A própria ciência, da teoria quântica à matemática do caos, nos leva a uma incerteza irredutível. Para qualquer objetivo que não seja o mais trivial, não podemos otimizar; nem sabemos o que otimizar. Não podemos acompanhar tudo. Não poderemos encontrar uma relação adequada e sustentável com a natureza, entre nós e os outros, nem com as instituições que criamos, se tentarmos fazê-lo a partir do papel de conquistador onisciente.

Para aqueles que apostam sua identidade no papel de conquistador onisciente, a incerteza que o pensamento sistêmico expõe é difícil de suportar. Se você não consegue entender, prever e controlar, o que resta a fazer?

No entanto, o pensamento sistêmico leva a outra conclusão, que está à nossa espera, reluzente e óbvia, quando deixamos de ser ofuscados pela ilusão de controle. E essa outra conclusão nos diz que há muito a ser feito, mas é um "fazer" diferente. O futuro não pode ser previsto, pode ser imaginado e amorosamente trazido à existência. Os sistemas não podem ser controlados, podem ser projetados e redesenhados. Não podemos avançar com certeza para um mundo sem surpresas, podemos esperar surpresas, aprender com elas e até lucrar com elas. Não podemos impor nossa vontade a um sistema. Podemos ouvir o que o sistema nos diz e descobrir como suas propriedades e nossos valores podem trabalhar juntos, de modo a produzir algo muito melhor do que seria produzido somente por nossa vontade.

Não podemos controlar sistemas ou entendê-los, podemos dançar com eles.

Eu já sabia disso, de certa forma. Havia aprendido a dançar com forças poderosas no caiaque em águas turbulentas, na jardinagem, na música, no esqui. Tais empreendimentos exigem que a pessoa fique muito atenta, participe a todo vapor e responda ao feedback. Nunca me ocorreu que esses mesmos requisitos pudessem se aplicar ao trabalho intelectual, à administração, ao governo e ao convívio com as pessoas.

Mas lá estava a mensagem, emergindo de cada modelo que criávamos no computador. Viver com sucesso em um mundo de sistemas exige mais que nossa capacidade de calcular. Exige plena humanidade

– racionalidade, capacidade de separar o que é verdadeiro do que é falso, intuição, compaixão, visão e moralidade.[2]

Quero encerrar este capítulo e este livro tentando resumir as "sabedorias dos sistemas" mais genéricas, que absorvi ao modelar sistemas complexos e ao conviver com modeladores. São lições para levar para casa, conceitos e práticas que penetram tão profundamente na disciplina dos sistemas que começamos a praticá-los – ainda que de modo imperfeito –, na profissão e em nossa vida. São consequências comportamentais de uma visão de mundo fundamentada nas ideias de feedback, não linearidade e sistemas responsáveis pelo próprio comportamento. Quando aquele professor de engenharia em Dartmouth percebeu que nós, o pessoal dos sistemas, éramos "diferentes" e se perguntou por quê, creio que essas foram as diferenças que ele notou.

A lista não está completa, pois ainda sou uma aluna na escola dos sistemas, e não é exclusiva do pensamento sistêmico; há formas de aprender a dançar. Mas aqui, como em uma primeira lição de dança, estão as práticas que vejo meus colegas adotarem, consciente ou inconscientemente, à medida que encontram novos sistemas.

Pegue o ritmo do sistema

Antes de perturbar o sistema, observe como ele se comporta. Seja uma música, uma corredeira ou uma flutuação no preço de uma mercadoria, pegue seu ritmo. No caso de um sistema social, veja como funciona. Conheça sua história. Peça às pessoas que o conhecem há muito tempo que lhe contem o que aconteceu. Se possível, encontre ou faça um gráfico temporal dos dados reais do sistema – as lembranças das pessoas nem sempre são confiáveis.

Essa diretriz é enganosamente simples. Até que faça dela uma prática, você não vai acreditar quantas voltas erradas ela ajuda a evitar. Iniciar com o comportamento do sistema força você a se concentrar em fatos, não em teorias. Evita que mergulhe em concepções errôneas, sejam próprias ou alheias.

É incrível quantas concepções errôneas podem existir. As pessoas podem jurar, por exemplo, que a precipitação pluviométrica está diminuindo, mas quando você examina os dados, descobre que o que de fato está acontecendo é um aumento da variabilidade – as secas são mais intensas, mas as inundações também são maiores. Já me disseram, com grande autoridade, que o preço do leite estava subindo, quando estava caindo; que as taxas de juros reais estavam caindo, quando estavam subindo; que o déficit ocupava uma fração do PIB maior do que nunca, quando não era verdade.

É interessante observar como os elementos do sistema variam juntos ou não. Observar o que de fato acontece, em vez de ouvir teorias a respeito do que acontece, pode derrubar muitas hipóteses de causalidade descuidadas. Todos os membros de conselhos municipais do estado de New Hampshire parecem ter certeza de que o crescimento em uma cidade reduzirá os impostos. Mas se compararmos as taxas de crescimento contra as de impostos, encontraremos uma dispersão tão aleatória quanto as estrelas no céu invernal de New Hampshire. Não há nenhuma relação que se possa discernir.

Iniciar com o comportamento do sistema direciona os pensamentos para uma análise dinâmica, não estática – que não se limita a "O que há de errado?", mas pergunta "Como chegamos a esse ponto?", "Que outros tipos de comportamento são possíveis?", "Se não mudarmos de direção, onde vamos parar?". E examinando os pontos fortes do sistema, podemos perguntar: "O que está funcionando bem aqui?" Começando com a história de que variáveis desenhadas em conjunto sugerem quais elementos estão no sistema e como eles podem estar interconectados.

Por fim, começar com a história desencoraja a tendência comum e perturbadora que todos temos de não definir um problema pelo comportamento real do sistema, mas pela falta de uma solução favorita. (O problema é que precisamos encontrar mais petróleo. O problema é que precisamos proibir o aborto. O problema é que não temos vendedores suficientes. O problema é como atrair mais investimento para esta cidade.) Ouça qualquer discussão em sua família, em um comitê de trabalho ou entre especialistas na mídia, e veja como as pessoas saltam para soluções do tipo "prever, controlar ou impor a vontade", sem prestar atenção no que o sistema está fazendo e por quê.

Exponha seus modelos mentais à luz do dia

Quando desenhamos diagramas estruturais e depois escrevemos equações, somos forçados a tornar visíveis nossas suposições e expressá-las com rigor.

Temos que colocar cada uma sobre o sistema em que outros (e nós mesmos) possam vê-las. Nossos modelos precisam ser completos, consistentes e coerentes. Nossas suposições não podem mais vaguear (os modelos mentais são muito difusos), presumindo uma coisa para determinados propósitos de uma discussão e outra, contraditória, para os propósitos da discussão seguinte.

Você não precisa apresentar um modelo mental com diagramas e equações, embora seja uma boa prática. Pode fazer com palavras, listas, imagens ou setas, expondo o que você acha que está conectado com o quê. Quanto mais fizer isso, mais claro seu pensamento se tornará, mais rapidamente você admitirá as incertezas e corrigirá os erros, e mais flexível aprenderá a ser. Flexibilidade mental – a disposição para redesenhar limites, perceber que um sistema mudou e descobrir como reformular a estrutura – é uma necessidade quando vivemos em um mundo de sistemas flexíveis.

Lembre-se de que tudo o que você sabe, e tudo o que todo mundo sabe, é apenas um modelo. Leve seu modelo para onde possa ser visto. Convide outras pessoas a desafiar suas suposições e adicionar as próprias. Em vez de se tornar defensor de uma possível explicação, hipótese ou modelo, colete o máximo possível de informações. Considere todas plausíveis até encontrar uma evidência que o leve a descartar alguma. Dessa forma, você será emocionalmente capaz de enxergar evidências que excluam um pressuposto que se confunda com sua identidade.

Colocar os modelos à luz do dia, torná-los o mais rigorosos possível, testá-los contra evidências existentes e estar disposto a descartá-los se não forem corroborados não é mais do que praticar o método científico – algo feito raras vezes mesmo na ciência, e quase nunca nas ciências sociais, na administração, no governo e na vida cotidiana.

Honre, respeite e distribua informações

Você viu como as informações mantêm os sistemas coesos e como informações atrasadas, tendenciosas, dispersas ou ausentes podem levar os ciclos de feedback a funcionar mal. Os tomadores de decisão não podem responder a informações que não têm, não podem responder com precisão a informações imprecisas, não podem responder em tempo hábil a informações atrasadas. Eu diria que a maior parte do que dá errado nos sistemas dá errado por causa de informações tendenciosas, atrasadas ou ausentes.

Se pudesse, eu acrescentaria um décimo primeiro mandamento aos dez primeiros: *não distorcerás, atrasarás nem reterás informações*. Você pode enlouquecer um sistema turvando suas fontes de informação. E pode fazer um sistema funcionar melhor com surpreendente facilidade se fornecer informações mais oportunas, mais precisas e mais completas.

Em 1986, uma nova legislação federal, o Inventário de Liberação de Tóxicos, exigia que as empresas americanas revelassem todos os poluentes atmosféricos perigosos emitidos por suas fábricas a cada ano. Por meio da Lei de Liberdade de Informação (do ponto de vista sistêmico, uma das leis mais importantes do país), essa informação tornou-se assunto de registro público. Em julho de 1988, os primeiros dados sobre emissões químicas foram disponibilizados. As emissões relatadas não eram ilegais, mas não pareciam muito boas quando publicadas em jornais locais por repórteres empreendedores, que tendiam a fazer listas dos "10 maiores poluidores locais". Isso foi tudo o que aconteceu. Não houve processos judiciais, reduções exigidas, multas, penalidades. Mas em dois anos as emissões de produtos químicos em todo o país (pelo menos conforme relatado, e em princípio também de fato) diminuíram em 40%. Algumas empresas estavam implantando políticas para reduzir emissões em 90%, como resultado da divulgação de informações anteriormente retidas.[3]

Informação é poder. Qualquer pessoa interessada em poder compreende logo essa ideia. A mídia, os que trabalham como relações-públicas, os políticos e os anunciantes que regulam grande parte do fluxo público de informações têm muito mais poder que a maioria das pessoas imagina. Filtram e canalizam informações. E muitas vezes o fazem por interesse próprio e de curto prazo. Não é de admirar que nossos sistemas sociais muitas vezes enlouqueçam.

Use a linguagem com cuidado e a enriqueça com conceitos de sistemas

Nossos fluxos de informação são compostos principalmente de linguagem. Nossos modelos mentais são sobretudo verbais. Honrar a informação significa, em primeiro lugar, evitar a poluição da linguagem – usando a linguagem do modo mais limpo possível. E, em segundo, significa expandir a linguagem para que possamos falar sobre complexidade.

Fred Kofman escreveu em uma publicação a respeito de sistemas:

> [A linguagem] pode servir como um meio pelo qual criamos novas compreensões e novas realidades à medida que começamos a falar sobre elas. Na verdade, não falamos sobre o que vemos; *nós só vemos aquilo sobre o qual podemos falar*. Nossas perspectivas sobre o mundo dependem da interação de nosso sistema nervoso com nossa linguagem – ambos atuam como filtros através dos quais percebemos o mundo. A linguagem e os sistemas de informação de uma organização não são um meio objetivo de descrever uma realidade externa, mas estruturam as percepções e as ações de seus membros. Reformular os sistemas de medição e comunicação de uma [sociedade] é remodelar todas as interações potenciais no nível mais fundamental. A linguagem como articulação da realidade é mais primordial do que a estratégia, a estrutura ou a cultura.[4]

Uma sociedade que fala com insistência em "produtividade" mas que mal entende e muito menos usa a palavra "resiliência" vai se tornar produtiva, não resiliente. Uma sociedade que não entende ou não usa o termo "capacidade de carga" excederá sua capacidade de carga. Uma sociedade que fala em "criar empregos" como se fosse algo que apenas empresas podem fazer não inspirará a grande maioria das pessoas a criar empregos, tanto para si mesmas quanto para qualquer outra pessoa. Tampouco valorizará os trabalhadores por seu papel na "geração de lucros". E, claro, uma sociedade que fala sobre um míssil chamado *Peacekeeper* (mantenedor da paz) ou em "dano colateral", "Solução Final" ou "limpeza étnica" está falando o que Wendell Berry chama de "tiranês".

> Minha impressão é de que estamos vendo, talvez há 150 anos, um crescimento gradual de um linguajar que é ou sem sentido, ou destruidor de sentidos. E acredito que a crescente falta de confiabilidade da linguagem é paralela à crescente desintegração, no mesmo período, de pessoas e comunidades.

Ele segue dizendo:

> Nessa contabilidade degenerativa, a linguagem quase não tem poder de designação, pois é usada conscientemente para não se referir a nada em particular. A atenção repousa sobre percentuais, categorias, funções abstratas. Não é uma linguagem diante da qual o usuário seja obrigado a ficar de braços cruzados ou a agir, pois não define nenhum motivo pessoal para ser defendido ou usado. A única utilidade prática é sustentar com "opinião especializada" uma vasta ação tecnológica impessoal já iniciada. É uma língua tirânica: o tiranês.[5]

O primeiro passo para que a linguagem seja respeitada é mantê-la a mais concreta, significativa e verdadeira possível – que é parte do trabalho de manter claros os fluxos de informação. O segundo passo é ampliar a linguagem, de forma a torná-la consistente com nossa compreensão ampliada dos sistemas. Se os esquimós têm tantas palavras para designar a neve, é porque a estudaram e aprenderam a usá-la. Transformaram-na em um recurso, um sistema com o qual podem dançar. A sociedade industrial está apenas começando a ter e usar palavras para sistemas, porque está apenas começando a estudar e usar a complexidade. *Capacidade de carga, estrutura, diversidade* e até *sistema* são palavras antigas que estão ganhando significados mais ricos e precisos. Novas palavras precisam ser inventadas.

Meu software de texto tem o recurso de verificação ortográfica, o que me permite adicionar palavras que não vieram originalmente em seu abrangente dicionário. É interessante ver quais palavras tive de acrescentar ao escrever este livro: feedback, taxa de transferência, sobre-excesso, auto-organização, sustentabilidade.

Preste atenção no que é importante, não apenas no que é quantificável

Nossa cultura, obcecada por números, nos incutiu a ideia de que o que podemos medir é mais importante do que aquilo que não pode ser medido. Pense nisso por um minuto. Significa que tornamos a quantidade mais importante que a qualidade. Se a quantidade for o objetivo de nossos ciclos de feedback, se a quantidade for o centro de nossa atenção, da linguagem e das instituições, se nos motivarmos, avaliarmos a nós mesmos e nos recompensarmos pela capacidade de produzir quantidade, então a quantidade será o resultado. Olhe ao redor e decida se a característica marcante do mundo em que vive é a quantidade ou a qualidade.

Como modeladores, mais de uma vez fomos ridicularizados por colegas cientistas ao inserirmos variáveis rotuladas como "preconceito", "autoestima" ou "qualidade de vida" em nossos modelos. Como os computadores exigem números, tivemos que criar escalas quantitativas para medir conceitos qualitativos. Digamos que o preconceito é medido de -10 a +10, em que 0 significa que você é tratado sem preconceito, -10 representa preconceito bastante negativo e +10 representa um preconceito tão positivo que você não pode errar. Agora, suponha que você tenha sido tratado com um preconceito de -2, ou +5, ou -8. Em que isso afetaria seu desempenho no trabalho?

A relação entre preconceito e desempenho, certa vez, teve que ser colocada em um modelo.[6] Foi num estudo para uma empresa que desejava saber como tratar melhor os trabalhadores integrantes de minorias e como movê-los na hierarquia corporativa. Todos os entrevistados concordaram que havia de fato uma conexão real entre preconceito e desempenho. O tipo de escala para medi-lo era arbitrário – poderia ser de 1 a 5 ou 0 a 100; no entanto, teria sido muito mais anticientífico deixar o "preconceito" de fora desse estudo do que tentar incluí-lo. Quando os trabalhadores da empresa foram solicitados a traçar uma relação entre seu desempenho e preconceitos, eles apresentaram uma das relações mais não lineares que já vi em um modelo.

Fingir que algo não existe se for difícil de quantificar leva a modelos defeituosos. Você já viu a armadilha que é definir metas em torno do que se pode medir com facilidade em vez do que é importante. Portanto, não caia nessa armadilha. Os seres humanos não foram dotados apenas com a aptidão de contar; foram dotados também com a aptidão de avaliar a qualidade. Assim, seja um detector de qualidade. Seja um contador Geiger ambulante e barulhento que registra a presença ou a ausência de qualidade.

Se algo é feio, diga. Se for vulgar, inadequado, desproporcional, insustentável, moralmente degradante, ecologicamente empobrecedor ou humanamente aviltante, não deixe passar. Não seja parado pelo truque "se você não pode definir e medir alguma coisa, não precisa prestar atenção nela". Ninguém pode definir ou medir justiça, democracia, segurança, liberdade, verdade ou amor. Ninguém pode definir ou medir valores. Mas se ninguém falar por eles, se os sistemas não forem projetados para falarmos sobre eles e sinalizarmos sua presença ou ausência, eles deixarão de existir.

Faça políticas de feedback para sistemas de feedback

O presidente Jimmy Carter tinha uma capacidade incomum de pensar em termos de feedback e de elaborar políticas de feedback. Infelizmente, teve dificuldade em explicá-las para a imprensa e um público que não entendia do assunto.

Em um momento em que as importações de petróleo estavam em alta, ele sugeriu que houvesse um imposto sobre a gasolina proporcional à fração do consumo de petróleo nos EUA que precisaria ser importado. Se as importações continuassem a aumentar, o imposto aumentaria até que o país começasse a produzir substitutos para reduzi-las. Se as importações caíssem para zero, o imposto cairia para zero.

O imposto nunca foi aprovado.

Carter também tentou lidar com uma enxurrada de imigrantes ilegais provenientes do México. Constatou, então, que nada poderia ser feito a respeito enquanto houvesse uma grande lacuna de oportunidades e padrões de vida entre os Estados Unidos e o México. Em vez de gastar dinheiro com guardas de fronteira e barreiras, disse ele, devemos gastar dinheiro ajudando a fortalecer a economia mexicana até que cesse a imigração.

Isso também nunca aconteceu.

É possível imaginar por que um sistema de feedback dinâmico e autoajustável não pode ser governado por uma política estática e inflexível. É mais fácil, mais eficaz e muito mais barato projetar políticas que mudem dependendo do estado do sistema. Sobretudo onde há grandes incertezas, as melhores políticas contêm ciclos de feedback e também ciclos de meta-feedback – ciclos que alteram, corrigem e expandem ciclos. São políticas que projetam *aprendizado* no processo de gestão.

Um exemplo histórico foi o Protocolo de Montreal para proteger a camada de ozônio da estratosfera. Em 1987, quando o protocolo foi assinado, não havia certezas sobre o perigo que a camada de ozônio corria, sobre a velocidade em que estava se degradando ou sobre o efeito específico de diferentes produtos químicos. O protocolo estabelecia metas para a redução da fabricação dos produtos químicos mais perigosos. Exigia o monitoramento da situação e a convocação de um novo congresso internacional para mudar o cronograma de redução, caso os danos à camada de ozônio fossem maiores ou menores que o esperado. Três anos depois, em 1990, o cronograma teve que ser adiantado e mais produtos químicos adicionados, pois os danos estavam se tornando muito maiores do que se previra em 1987.

Foi uma política de feedback, estruturada para o aprendizado. Todos esperamos que tenha funcionado a tempo.

Procure o bem-estar de todos

Lembre-se de que as hierarquias existem para atender as camadas inferiores, não as superiores. Não maximize partes de sistemas ou subsistemas enquanto ignora o todo. Não se dê ao trabalho, como Kenneth Boulding disse certa vez, de otimizar algo que nunca deveria ter sido feito. Procure aprimorar as propriedades totais dos sistemas, como crescimento, estabilidade, diversidade, resiliência e sustentabilidade – sejam facilmente mensuráveis ou não.

Ouça a sabedoria do sistema

Ajude e encoraje as forças e as estruturas que auxiliam o sistema a funcionar. Observe quantas dessas forças e estruturas estão na base da hierarquia.

Não seja um interventor desatento, desses que destroem a capacidade de automanutenção do sistema. Antes de começar a melhorar as coisas, preste atenção no valor do que já está lá.

Um amigo meu, Nathan Gray, prestou serviços humanitários na Guatemala. Ele me falou sobre sua frustração com as agências que chegavam com a intenção de "criar empregos", "aumentar a capacidade empreendedora" e "atrair investidores externos". Essas agências não atentavam para o próspero mercado local, onde pequenos empresários de todos os tipos, de fabricantes de cestas a horticultores, açougueiros e vendedores de doces, exibiam habilidades empreendedoras em empregos que haviam criado para si mesmos. Nathan passou um tempo conversando com as pessoas no mercado, perguntando sobre suas vidas e seus negócios. Concluiu, então, que o que se fazia necessário não eram investidores externos, mas internos. Pequenos empréstimos disponíveis a taxas de juros razoáveis, somados a aulas de alfabetização e contabilidade trariam muito mais benefícios para a comunidade a longo prazo do que uma fábrica ou montadora vinda de fora.

Localize a responsabilidade no sistema

Esta é uma diretriz tanto para análises quanto para projetos. Em uma análise, significa procurar de que formas o sistema cria seu próprio comportamento. Preste atenção nos eventos desencadeadores – as influências externas que produzem um tipo de comportamento do sistema em vez de outro. Às vezes esses eventos externos podem ser controlados (como na redução dos patógenos na água potável para reduzir a incidência de doenças infecciosas). Mas às vezes não. E às vezes culpar ou tentar controlar a influência externa nos cega para a tarefa mais fácil de aumentar a responsabilidade no interior do sistema.

"Responsabilidade intrínseca" significa que o sistema é projetado para enviar feedback sobre as consequências de uma decisão – de forma direta, rápida e convincente – aos tomadores de decisão. Como no caso de um piloto de avião que, sendo responsável pela aeronave, vivenciará as consequências de suas decisões.

A Universidade Dartmouth reduziu a responsabilidade intrínseca quando retirou os termostatos dos escritórios e das salas de aula e atribuiu o controle da temperatura a um computador central. Essa decisão foi tomada como uma medida para economizar energia. Minha observação, a partir de um nível inferior da hierarquia, foi que a principal consequência da medida foi um aumento nas oscilações da temperatura ambiente. Quando meu escritório ficou superaquecido, em vez de desligar o termostato, tive que ligar para um escritório do outro lado do campus, que levou horas ou dias para fazer as correções. Mas muitas vezes corrigia demais, acarretando a necessidade de outro telefonema. Uma forma de tornar esse sistema mais responsável seria permitir que os professores mantivessem o controle dos termostatos e cobrar pela energia que usassem, privatizando assim um bem comum.

Projetar um sistema de responsabilidade intrínseca pode ser, por exemplo, exigir que todas as cidades ou empresas que despejam águas residuais em um córrego coloquem as tubulações de entrada a jusante das tubulações de saída. Ou determinar que nem as companhias de seguros nem os fundos públicos devem pagar pelos custos médicos decorrentes do tabagismo, muito menos por acidentes em que um motociclista não usou capacete ou um motorista não usou o cinto de segurança. Isso também poderia significar que o Congresso não teria mais permissão para legislar regras das quais se isenta. (Existem muitas regras das quais o Congresso se isentou, incluindo exigências de contratação de ações afirmativas e a necessidade de preparar declarações de impacto ambiental.) Uma grande parte da responsabilidade intrínseca foi perdida quando governantes que declararam guerras não precisaram mais liderar tropas nas batalhas. As guerras se tornaram ainda mais irresponsáveis quando foi possível apertar um botão e causar um dano tremendo a tal distância que o sujeito que aperta o botão nunca vê o dano que causou.

Garrett Hardin sugeriu que quem pretende impedir que mulheres façam aborto não está praticando uma responsabilidade intrínseca, a menos que esteja disposto a adotar a criança.[7]

Esses poucos exemplos são suficientes para nos fazer pensar em quão pouco a cultura atual passou a buscar responsabilidades dentro dos sistemas que geram ações e como os sistemas não são projetados para sofrer as consequências das próprias ações.

Permaneça humilde – seja um aprendiz

O pensamento sistêmico me ensinou a confiar mais na intuição e menos na racionalidade, a me apoiar em ambas o máximo que puder, mas estar preparada para surpresas. Trabalhar com sistemas – no computador, na natureza, entre pessoas e em organizações – me lembra como são incompletos meus modelos mentais, como o mundo é complexo e o quanto eu não sei.

A melhor coisa a fazer, quando não sabemos, não é blefar nem desistir, mas aprender. Aprendemos mediante experimentação – ou, como disse Buckminster Fuller (famoso arquiteto, projetista, inventor, filósofo e teórico de sistemas americano), por tentativas e erros, erros e mais erros. Em um mundo de sistemas complexos, não é recomendável avançar mantendo diretrizes rígidas e invariáveis. "Manter o rumo" só é uma boa ideia se você tiver certeza de que está no rumo certo. Fingir que está no controle mesmo quando não está é uma receita para erros e para não aprender com os erros. O mais recomendável quando estamos aprendendo são pequenos passos, monitoramento constante e vontade de mudar de rumo à medida que descobrimos mais sobre o caminho que estamos tomando.

É difícil. Significa cometer erros e, pior, admiti-los. Significa o que o psicólogo Don Michael chama de "abraçar o erro". É preciso muita coragem para aceitar os erros.

> Nem nós mesmos, nem nossos associados, nem o público envolvido, podemos apreender o que está acontecendo e ir em frente se agirmos como se tivéssemos todos os fatos, como se soubéssemos quais deveriam/poderiam ser os resultados e tivéssemos de fato certeza de que alcançaríamos o resultado mais desejado. Além disso, abordar questões sociais complexas como se soubéssemos o que estamos fazendo diminui nossa credibilidade. A desconfiança em relação às instituições e figuras de autoridade está aumentando. O próprio ato de reconhecer a incerteza pode ajudar muito a reverter essa tendência a piorar.[8]

Aceitar os erros é condição para o aprendizado. Significa buscar, usar e compartilhar informações sobre o que deu errado, e comparar com o que esperávamos que desse certo. Aceitar os erros e conviver com altos níveis de incerteza enfatiza nossa vulnerabilidade pessoal e social. Em geral, escondemos nossas vulnerabilidades de nós mesmos e dos outros. Mas ser o tipo de indivíduo que aceita responsabilidades requer conhecimento e autoconhecimento muito além do que tem a maioria das pessoas na sociedade.[9]

Celebre a complexidade

Vamos admitir: o universo é confuso – além de não linear, turbulento e dinâmico. Passa o tempo em comportamentos transitórios a caminho de outro lugar, não em equilíbrios matematicamente puros. O universo se auto-organiza e evolui. Cria diversidade *e* uniformidade. Isso é o que torna o mundo interessante, isso é o que torna o mundo bonito, isso é o que o faz funcionar.

Há algo na mente humana que é atraído por linhas retas e não curvas, por números inteiros e não frações, por uniformidade e não diversidade, por certezas e não mistérios. Mas há algo mais dentro de nós que tem o conjunto oposto de tendências, já que nós mesmos evoluímos, fomos moldados e estruturados como complexos sistemas de feedback. Apenas uma parte de nós, que surgiu recentemente, projeta edifícios como caixas, com linhas retas intransigentes e superfícies planas. Outra parte de nós reconhece que a natureza faz projetos em fractais, com intrigantes detalhes em todas as escalas, do microscópico ao macroscópico. Essa parte de nós faz catedrais góticas e tapetes persas, sinfonias e romances, fantasias de carnaval e programas de inteligência artificial, tudo com ornamentações quase tão complexas quanto as que encontramos no mundo em torno de nós.

Podemos, e alguns de nós o fazem, celebrar e encorajar a auto-organização, a desordem, a variedade e a diversidade. Alguns até já fizeram um código moral para isso, como Aldo Leopold com sua ética da terra: "Uma coisa é certa quando tende a preservar a integridade, a estabilidade e a beleza da comunidade biótica. E errada quando tende em outro sentido."[10]

Expanda os horizontes temporais

Uma das piores ideias que a humanidade já teve foi a taxa de juros, que deu origem a ideias como períodos de retorno e taxas de desconto, as quais fornecem uma desculpa racional e quantitativa para ignorar o longo prazo.

O horizonte de tempo da sociedade industrial não se estende além do que acontecerá após as próximas eleições ou após o período de retorno dos investimentos atuais. O horizonte de tempo da maioria das famílias ainda se estende além disso – ao longo das vidas dos filhos e dos netos. Muitas culturas nativas americanas consideravam os efeitos de suas decisões sobre a sétima geração que está por vir. Quanto maior o horizonte de tempo operante, melhores as chances de sobrevivência. Como Kenneth Boulding escreveu:

> Como sugerem evidências históricas, uma sociedade que perde a imagem positiva do futuro perde também a capacidade de lidar com os problemas presentes e logo se desfaz. Sempre houve algo revigorante na visão de que devemos viver como os pássaros, e talvez a posteridade para os pássaros tenha mais de um sentido; então talvez devêssemos todos sair e poluir alguma coisa com alegria. Mas, como alguém que há muito pensa sobre o futuro, não consigo aceitar essa solução.[11]

Em um sentido estrito do sistema, não existe distinção entre longo prazo e curto prazo. Fenômenos em diferentes escalas de tempo se aninham uns nos outros. Algumas ações empreendidas agora têm efeitos imediatos e outras têm efeitos que se prolongam por décadas. Vivenciamos hoje as consequências de ações iniciadas ontem ou décadas atrás, ou mesmo séculos atrás. Os acoplamentos entre processos muito rápidos e processos muito lentos são ora fortes, ora fracos. Quando os lentos predominam, nada parece acontecer; quando os rápidos assumem o controle, as coisas acontecem com uma rapidez de tirar o fôlego. Os sistemas estão sempre acoplando e desacoplando o que é grande e o que é pequeno, o que é rápido e o que é lento.

Ao caminhar por uma trilha desconhecida, sinuosa, cheia de obstáculos e surpreendente, seria burrice manter a cabeça baixa e pensar apenas no próximo passo. E seria igualmente burrice olhar muito à frente, sem notar o que está quase sob seus pés. Ou seja, você precisa observar tanto o curto quanto o longo prazo – o sistema inteiro.

Desafie as disciplinas

Independentemente do curso em que você se formou, do que os livros dizem ou da matéria em que é especialista, siga um sistema aonde quer que ele o leve. Você será conduzido além das fronteiras disciplinares tradicionais. Para entender o sistema, você deverá ser capaz de aprender com economistas, químicos, psicólogos e teólogos sem ser limitado por eles. Terá de mergulhar em seus jargões, assimilar o que eles lhe dizem, reconhecer o que veem através de suas lentes e descartar as distorções provenientes da estreiteza e incompletude dessas lentes. Eles não facilitarão as coisas para você.

Ver os sistemas como um todo requer mais do que ser "interdisciplinar", caso essa palavra signifique, como em geral significa, reunir pessoas de diferentes disciplinas que falam sem ouvir umas às outras. A comunicação interdisciplinar só funciona quando há um problema real a ser resolvido e se os representantes das várias disciplinas estiverem mais comprometidos em resolver o problema do que em ser academicamente corretos. Eles terão que entrar no modo de aprendizagem. Terão que admitir a própria ignorância e se mostrar dispostos a aprender uns com os outros e com o sistema.

Isso pode ser feito. E é muito emocionante quando acontece.

Expanda os limites da assistência

Viver com sucesso em um mundo de sistemas complexos significa expandir não apenas horizontes de tempo e de pensamento; significa, acima de tudo, ampliar os horizontes da assistência. Há razões morais para isso, é claro. Mas se os argumentos morais não são suficientes, o pensamento sistêmico fornece razões de ordem prática para sustentá-los. O sistema real é interconectado. Nenhuma parte da raça humana está separada de outros seres humanos ou do ecossistema global. Não será possível neste mundo integrado que seu coração tenha sucesso se seus pulmões falharem, ou que sua empresa tenha sucesso se seus trabalhadores falharem, ou que os ricos de Los Angeles tenham sucesso se os pobres de Los Angeles falharem, ou que a Europa tenha sucesso se a África falhar, ou que a economia global tenha sucesso se o ambiente global falhar.

Tal como acontece com tudo o mais sobre sistemas, a maioria das pessoas já sabe que as regras morais e as regras práticas são as mesmas. Só precisam acreditar no que sabem.

Não destrua o objetivo da bondade

O exemplo mais danoso do arquétipo sistêmico conhecido como "desvio para um baixo desempenho" é o processo pelo qual a cultura industrial moderna corroeu o objetivo da moralidade. O funcionamento da armadilha se tornou clássico e horrível de ver.

Exemplos de mau comportamento humano são apontados, ampliados pela mídia e afirmados pela cultura como típicos. Mas são só o que as pessoas esperam. Afinal, somos apenas humanos. Os exemplos muito mais numerosos da bondade humana mal são notados. Não são "notícias". São exceções. Devem ter sido feitos por algum santo. Não podemos esperar que todos se comportem desse modo.

Assim, as expectativas são reduzidas. A distância entre o comportamento desejado e o comportamento real diminui. Poucas ações são tomadas para afirmar e incutir ideais. O discurso público é repleto de cinismo. Líderes públicos são visivelmente, impenitentemente amorais ou imorais – e não são responsabilizados. O idealismo é ridicularizado. Declarações de crença moral são postas sob suspeita. É muito mais fácil falar de ódio, em público, do que falar de amor. O crítico literário e naturalista Joseph Wood Krutch assim se expressou:

> Embora o homem nunca tenha sido tão complacente com o que *tem*, nem tão confiante em sua capacidade de *fazer* o que quiser, ele nunca antes aceitou uma avaliação tão baixa do que *é*. O mesmo método científico que lhe permitiu criar sua riqueza e liberar o poder que ora exerce, acredita ele, permitiu que a biologia e a psicologia o explicas-

sem – ou pelo menos explicassem atributos que lhe pareciam únicos ou mesmo misteriosos. Mas na verdade, apesar de toda a riqueza e poder, ele é um pobre de espírito.[12]

Sabemos o que fazer com relação ao desvio para um baixo desempenho. Não atribuir às más notícias um peso maior que o peso das boas. E manter padrões absolutos.

O pensamento sistêmico pode apenas nos dizer para fazer isso. Não pode fazê-lo. Assim, retornamos à lacuna que existe entre compreensão e implementação. O pensamento sistêmico por si só não pode preencher essa lacuna, mas pode nos levar ao limite do que a análise pode fazer e depois apontar para a frente – para o que pode e deve ser feito pelo espírito humano.

APÊNDICE

Definições de sistema: glossário

Arquétipos: Estruturas de sistema comuns que produzem padrões característicos de comportamento.

Auto-organização: Capacidade de um sistema de se estruturar, diversificar, aprender ou criar uma nova estrutura.

Ciclo de feedback: Mecanismo (regra, fluxo de informação ou sinal) que permite que uma mudança em um estoque afete um fluxo de entrada ou saída desse estoque. Cadeia fechada de conexões causais de um estoque, que opera mediante um conjunto de decisões e ações dependentes do nível do estoque e retorna a partir de um fluxo para alterar o estoque.

Ciclo de feedback de equilíbrio: Um ciclo de feedback estabilizador, regulador e de busca, também conhecido como "ciclo de feedback negativo", pois opõe ou inverte qualquer direção de mudança imposta ao sistema.

Ciclo de feedback de reforço: Ciclo de feedback de amplificação ou aprimoramento, também conhecido como "ciclo de feedback positivo", pois reforça a direção da mudança. Podem ser ciclos viciosos ou virtuosos.

Dinâmica: Comportamento ao longo do tempo de um sistema ou de qualquer um de seus componentes.

Equilíbrio dinâmico: Condição na qual o estado de um estoque (seu nível ou tamanho) é estável e imutável, apesar das entradas e saídas. Isso só é possível quando os fluxos de entrada são iguais aos fluxos de saída.

Estoque: Acúmulo de material ou de informação que se forma em um sistema ao longo do tempo.

Fator limitante: Uma entrada necessária do sistema que limita a atividade do sistema em determinado momento.

Fluxo: Materiais ou informações que entram ou deixam um estoque durante um período de tempo.

Hierarquia: Sistemas organizados de forma a criar um sistema maior. Subsistemas dentro de sistemas.

Mudança de domínio: Mudança, ao longo do tempo, das forças relativas de ciclos de feedback concorrentes.

Racionalidade limitada: A lógica que dirige decisões ou ações que fazem sentido em uma parte do sistema, mas que não são razoáveis em um contexto maior ou quando é vista como parte de um sistema mais amplo.

Relação linear: Relação entre dois elementos em um sistema que mantém uma proporção constante entre causa e efeito e, portanto, pode ser desenhada com uma linha reta em um gráfico. O efeito é aditivo.

Relação não linear: Relação entre dois elementos em um sistema em que a causa não produz um efeito proporcional (não é uma linha reta).

Resiliência: Capacidade de um sistema de se recuperar de uma perturbação; e também de se restaurar ou se reparar após uma mudança provocada por uma força externa.

Sistema: Conjunto de elementos interconectados, coerentemente organizados em um padrão ou estrutura, que produz um conjunto característico de comportamentos, muitas vezes classificado como "função" ou "propósito".

Subotimização: Comportamento resultante da predominância dos objetivos de um subsistema em detrimento dos objetivos do sistema total.

Resumo dos princípios dos sistemas

Sistemas
- Um sistema é mais que a soma de suas partes.
- Muitas das interconexões nos sistemas operam por meio de um fluxo de informações.
- A parte menos óbvia de um sistema, que é sua função ou seu propósito, é a que mais influencia o comportamento de um sistema.
- A estrutura do sistema é a fonte do comportamento do sistema. O comportamento do sistema se revela como uma série de eventos ao longo do tempo.

Estoques, fluxos e equilíbrio dinâmico
- Um estoque é o histórico das mudanças de fluxo dentro do sistema.
- Se a soma das entradas exceder a soma das saídas, o nível do estoque aumentará.
- Se a soma das saídas exceder a soma das entradas, o nível do estoque cairá.
- Se a soma das saídas for igual à soma das entradas, o nível do estoque não mudará – será mantido em equilíbrio dinâmico.
- Um estoque pode ser aumentado tanto diminuindo o fluxo de saída quanto aumentando o fluxo de entrada.
- Os estoques atuam como atrasos, *buffers*, ou amortecedores nos sistemas.
- Os estoques permitem que entradas e saídas sejam dissociadas e independentes.

Ciclos de feedback
- Um ciclo de feedback é uma cadeia fechada de conexões causais de um estoque, que atua mediante um conjunto de decisões, regras, leis físicas ou ações que dependem do nível do estoque e que, por meio de um fluxo, retornam para alterar o estoque.
- Os ciclos de feedback de equilíbrio são estruturas de equilíbrio ou de busca de objetivos nos sistemas e são tanto fontes de estabilidade quanto de resistência a mudanças.

- Os ciclos de feedback de reforço são passíveis de melhorar a si mesmos, o que acarreta, ao longo do tempo, um crescimento exponencial ou colapsos descontrolados.
- As informações fornecidas por um ciclo de feedback – mesmo feedbacks não físicos – podem afetar apenas o comportamento futuro; não dispõem de um sinal rápido o bastante para corrigir o comportamento que gerou o feedback em questão.
- Um ciclo de feedback de equilíbrio para manutenção do estoque deve ter seu objetivo definido adequadamente para compensar os processos de drenagem ou o fluxo de entrada que afetam o estoque. Caso contrário, o processo de feedback ficará aquém do estoque ou excederá a meta.
- Sistemas com estruturas de feedback semelhantes produzem comportamentos dinâmicos semelhantes.

Mudança de predomínio, atrasos e oscilações
- Comportamentos complexos de sistemas muitas vezes surgem à medida que mudam as forças relativas dos ciclos de feedback, levando primeiro um ciclo e depois outro a dominar o comportamento.
- Um atraso em um ciclo de feedback de equilíbrio fará o sistema oscilar.
- Alterar a duração de um atraso pode provocar uma grande mudança no comportamento de um sistema.

Cenários e modelos de teste
- Modelos de dinâmica de sistemas exploram futuros possíveis e fazem perguntas "e se".
- A utilidade do modelo não depende de os cenários de condução serem realistas (já que ninguém pode saber ao certo), mas se o modelo responde com um padrão de comportamento realista.

Restrições em sistemas
- Em sistemas físicos de crescimento exponencial, deve haver pelo menos um ciclo de reforço que impulsione o crescimento e pelo menos um ciclo de equilíbrio que restrinja o crescimento, pois nenhum sistema pode crescer para sempre em um ambiente finito.

- Recursos não renováveis são limitados pelo estoque.
- Recursos renováveis são limitados pelos fluxos.

Resiliência, auto-organização e hierarquia

- Há sempre limites para a resiliência.
- Sistemas precisam ser gerenciados, não só em função da produtividade ou estabilidade, mas também da resiliência.
- Sistemas têm a propriedade de auto-organização – a capacidade de se estruturar, criar uma nova estrutura, aprender, diversificar e se tornar mais complexos.
- Sistemas hierárquicos evoluem de baixo para cima. O propósito das camadas superiores da hierarquia é servir aos propósitos das camadas inferiores.

Fontes de surpresas do sistema

- Muitas relações em sistemas não são lineares.
- Não há sistemas separados. O mundo é um *continuum*. Traçar um limite em torno de um sistema depende do propósito da discussão.
- A qualquer momento, a entrada mais importante de um sistema é a mais limitante.
- Qualquer entidade física com múltiplas entradas e saídas é cercada por camadas de limites.
- Sempre haverá limites para o crescimento.
- Uma quantidade que cresce exponencialmente em direção a um limite atinge esse limite em um tempo bastante curto.
- Quando há longos atrasos nos ciclos de feedback, algum tipo de previsão é essencial.
- A racionalidade limitada de cada agente em um sistema pode não levar a decisões que promovam o bem-estar do sistema.

Mentalidades e modelos

- Tudo o que pensamos saber sobre o mundo é um modelo.
- Nossos modelos têm uma forte congruência com o mundo.
- Nossos modelos não representam totalmente o mundo real.

Evitando as armadilhas do sistema

Resistência à política

A armadilha: Quando vários agentes tentam levar um estado do sistema em direção a muitos objetivos, o resultado pode ser uma resistência política. Qualquer política nova, sobretudo se for eficaz, afasta o estado do sistema dos objetivos de outros agentes e produz uma resistência adicional, com um resultado do qual ninguém gosta, mas que todos fazem um considerável esforço para manter.

A saída: Desista. Reúna todos os atores e use a energia gasta na resistência para buscar soluções mutuamente satisfatórias, no sentido de que todos os objetivos sejam alcançados – ou redefinições de objetivos maiores e mais importantes que todos possam alcançar juntos.

A tragédia dos comuns

A armadilha: Quando um recurso é compartilhado, cada usuário se beneficia de seu uso, mas compartilha os custos desse uso com todos os demais. Assim, o feedback da condição do recurso para embasar as decisões dos usuários é muito fraco. A consequência é o uso excessivo do recurso, que o corrói até torná-lo indisponível para qualquer pessoa.

A saída: Educar e exortar os usuários para que entendam as consequências do uso excessivo do recurso. E também restaurar ou fortalecer o link do feedback – seja privatizando o recurso para que cada usuário sinta as consequências diretas do uso excessivo ou (já que muitos recursos não podem ser privatizados) regulando o acesso dos usuários ao recurso.

Desvio para um baixo desempenho

A armadilha: Permitir que os padrões de desempenho sejam influenciados pelo desempenho passado, sobretudo se houver um viés negativo na percepção do desempenho passado, cria um ciclo de feedback de reforço de metas erodidas, que faz o sistema se desviar para um baixo desempenho.

A saída: Mantenha os padrões de desempenho absolutos. Melhor ainda, deixe que os padrões sejam aprimorados pelos melhores desempenhos reais em vez de desencorajados pelos piores. Configure um desvio rumo a um alto desempenho.

Escalada

A armadilha: Quando o estado de uma ação é determinado pela tentativa de superar o estado de outra ação – e vice-versa –, forma-se um ciclo de feedback de reforço que leva o sistema a uma corrida armamentista, uma corrida por riquezas, uma campanha difamatória, uma escalada de ruídos, uma escalada de violência. A escalada é exponencial e pode levar a extremos com rapidez surpreendente. Se nada for feito, a espiral será interrompida pelo colapso de alguém – pois o crescimento exponencial não pode continuar para sempre.

A saída: A melhor saída para esta armadilha é evitá-la. Se você for apanhado num sistema em escalada, pode se recusar a competir (desarmamento unilateral), interrompendo assim o ciclo de reforço. Ou pode negociar um novo sistema, com ciclos de equilíbrio, para controlar a escalada.

Sucesso para os bem-sucedidos

A armadilha: Quando os vencedores de uma competição são recompensados com os meios para vencer de novo, cria-se um ciclo de feedback de reforço. Se não for contido, os vencedores acabarão levando tudo e os perdedores serão eliminados.

A saída: Diversificação, que permite a quem está perdendo sair do jogo e começar outro; limitação estrita da fração do bolo que qualquer vencedor pode ganhar (leis antitruste); políticas que nivelem o campo de jogo, removendo parte da vantagem dos jogadores mais fortes ou aumentando a vantagem dos mais fracos; políticas que criem recompensas pelo sucesso e não atrapalhem a próxima rodada da competição.

Transferência do ônus para o interventor

A armadilha: A necessidade de transferir o ônus, a dependência ou o vício surge quando uma solução para um problema sistêmico reduz (ou disfarça) os sintomas mas nada faz para resolver o problema subjacente. Seja uma substância que entorpece a percepção de alguém ou uma política que oculta o problema subjacente, a droga de escolha interfere em ações que poderiam resolver o problema real.

Se a intervenção escolhida para corrigir o problema levar a capacidade de automanutenção do sistema original a se atrofiar ou erodir, um ciclo destrutivo de feedback de reforço será acionado, exigindo cada vez mais intervenções. Com isso, o sistema se deteriorará mais e mais e se tornará menos capaz de manter o estado desejado.

A saída: A melhor saída para esta armadilha é evitá-la. Cuidado com políticas ou práticas de alívio de sintomas ou de negação de sinais, que não enfrentam o problema. Tire o foco do alívio de curto prazo e se concentre na reestruturação de longo prazo.

Se você for o interventor, trabalhe de forma a restaurar ou melhorar a capacidade do próprio sistema em resolver seus problemas; depois se retire.

Se você for o agente com uma dependência insuportável, faça backup dos recursos do sistema e remova a intervenção. Faça isso agora mesmo. Quanto mais você esperar, mais difícil será o processo de retirada.

Violação de regras

A armadilha: As regras para governar um sistema podem levar à violação de regras – comportamento perverso que dá a impressão de obedecer às regras ou atingir os objetivos, mas que distorce o sistema.

A saída: Formule ou reformule regras que liberem a criatividade, não com o propósito de superar as regras existentes, mas no sentido de alcançar seu propósito.

Busca pelo objetivo errado

A armadilha: O comportamento do sistema é sensível aos objetivos dos ciclos de feedback. Se os objetivos – indicadores de satisfação das regras – forem definidos de forma imprecisa ou incompleta, o sistema pode trabalhar obedientemente para produzir um resultado que não é de fato pretendido ou desejado.

A saída: Especifique indicadores e metas que reflitam o real bem-estar do sistema. Tenha cuidado para não confundir esforço com resultados, ou você acabará com um sistema que estará produzindo esforço, não resultados.

Lugares para intervir em um sistema
(em ordem crescente de eficácia)

12. Números: constantes e parâmetros como subsídios, impostos e normas.
11. *Buffers*: tamanhos dos estoques estabilizadores com relação aos fluxos.
10. Estruturas de estoque e fluxos: sistemas físicos e nós de interseção.
9. Atrasos: períodos de tempo relativos às taxas de alterações do sistema.
8. Ciclos de feedback de equilíbrio: força dos feedbacks em relação aos impactos que tentam corrigir.
7. Ciclos de feedback de reforço: força dos ganhos dos ciclos de condução.
6. Fluxos de informação: estrutura de quem tem e de quem não tem acesso à informação.
5. Regras: incentivos, punições, restrições.
4. Auto-organização: poder de aumentar, mudar ou desenvolver a estrutura do sistema.
3. Objetivos: propósito ou função do sistema.
2. Paradigmas: mentalidade a partir da qual surge o sistema – com sua estrutura, seus objetivos, suas regras, seus atrasos e seus parâmetros.
1. Transcendendo os paradigmas.

Diretrizes para viver em um mundo de sistemas

1. Pegue o ritmo do sistema.
2. Exponha seus modelos mentais à luz do dia.
3. Honre, respeite e distribua informações.
4. Use a linguagem com cuidado e a enriqueça com conceitos de sistemas.
5. Preste atenção no que é importante, não apenas no que é quantificável.
6. Faça políticas de feedback para sistemas de feedback.

7. Procure o bem-estar de todos.
8. Ouça a sabedoria do sistema.
9. Localize a responsabilidade no sistema.
10. Permaneça humilde – seja um aprendiz.
11. Celebre a complexidade.
12. Expanda os horizontes temporais.
13. Desafie as disciplinas.
14. Expanda os limites da assistência.
15. Não destrua o objetivo da bondade.

Equações-modelo

Há muito a ser aprendido sobre sistemas sem o uso de um computador. Mas quando você começa a explorar o comportamento dos sistemas, até mesmo os mais simples, pode descobrir que deseja aprender mais sobre como construir seus próprios modelos matemáticos formais. Os modelos deste livro foram desenvolvidos usando o software de modelagem STELLA, publicado pela isee systems (anteriormente High Performance Systems). As equações desta seção foram escritas para ser traduzidas com facilidade em vários softwares de modelagem, como o *Vensim* da Ventana Systems, além do próprio STELLA e do iThink, também da isee systems.

As equações-modelo a seguir são usadas para os nove modelos dinâmicos discutidos nos Capítulos 1 e 2. "Conversores" podem ser constantes ou cálculos com base em outros elementos do modelo do sistema. O tempo é abreviado com (t) e a mudança no tempo de um cálculo para o seguinte, o tempo de atraso, é anotado como (ta).

CAPÍTULO 1

Banheira – Figuras 5, 6 e 7

Estoque: *água na banheira (t) = água na banheira (t – ta) + (fluxo de entrada – fluxo de saída)* × *ta*

Valor inicial do estoque: *água na banheira* = 50 litros

t = minutos
ta = 1 minuto
Tempo de execução = 10 minutos
Fluxo de entrada: *fluxo de saída* = 0 l/min... para tempos de 0 a 5; 5 l/min... para tempos de 6 a 10
Fluxo de saída: *fluxo de saída* = 5 l/min

Xícara de café esfriando ou esquentando – Figuras 10 e 11

Esfriamento
Estoque: *temperatura do café (t) = temperatura do café (t − ta) − (esfriamento × ta)*
Valor inicial do estoque: *temperatura do café* = 100°C, 80°C e 60°C... para três execuções de modelos comparativos
t = minutos
ta = 1 minuto
Tempo de execução = 8 minutos
Fluxo de saída: *esfriamento = discrepância × 10%*
Conversores: *discrepância = temperatura do café − temperatura do recinto*
temperatura do recinto = 18°C

Aquecimento
Estoque: *temperatura do café (t) = temperatura do café (t − ta) + (aquecimento × ta)*
Valor inicial do estoque: *temperatura do café* = 0°C, 5°C e 10°C... para três execuções de modelos comparativos
t = minutos
ta = 1 minuto
Tempo de execução = 8 minutos
Fluxo de entrada: *aquecimento = discrepância × 10%*
Conversores: *discrepância = temperatura ambiente − temperatura do café*
temperatura do recinto = 18°C

Conta bancária

Estoque: *dinheiro na conta bancária (t) = dinheiro na conta bancária (t − ta) + (juros adicionados × ta)*

Valor inicial do estoque: *dinheiro na conta bancária* = $ 100

t = anos

ta = 1 ano

Tempo de execução = 12 anos

Fluxo de entrada: *juros adicionados ($/ano) = dinheiro na conta bancária × taxa de juros*

Conversor: *taxa de juros* = 2%, 4%, 6%, 8% e 10% de juros anuais... para cinco execuções de modelos comparativos

CAPÍTULO 2

Termostato – Figuras 14-20

Estoque: *temperatura ambiente (t) = temperatura ambiente (t – ta) + (calor produzido pelo aquecedor – calor escoado para fora) × ta*

Valor inicial do estoque: *temperatura ambiente* = 10°C para aquecimento de recinto frio; 18°C para esfriamento de aquecimento quente

t = horas

ta = 1 hora

Tempo de execução = 8 horas e 24 horas

Fluxo de entrada: *calor produzido pelo aquecedor = mínimo de discrepância entre a temperatura desejada e a real ou 5*

Fluxo de saída: calor escoado para fora = *discrepância entre as temperaturas interna e externa × 10%*... para casa "normal"; *discrepância entre a temperatura interna e externa × 30%*... para casa com muito vazamento

Conversores: *ajuste do termostato* = 18°C

discrepância entre a temperatura desejada e a real = máximo de (ajuste do termostato – temperatura ambiente) ou 0

discrepância entre as temperaturas interna e externa = temperatura ambiente – 10°C... para uma temperatura externa constante (figuras 16-18); *temperatura ambiente – temperatura externa durante 24 horas*... para um ciclo completo de dia e noite (figuras 19 e 20)

Temperatura externa durante 24 horas varia de 10°C (50ºF) durante o dia a –5°C (23ºF) à noite, como mostra o gráfico:

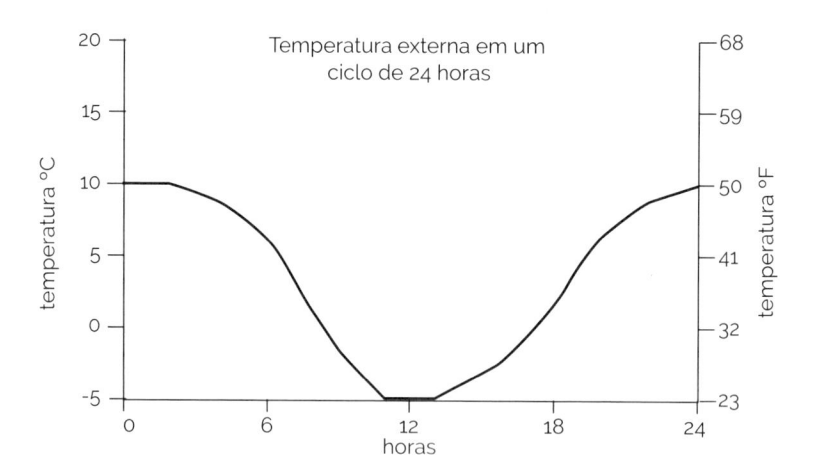

População – Figuras 21-26

Estoque: *população (t) = população (t – ta) + (nascimentos – mortes) × ta*
Valor do estoque inicial: *população* = 6,6 bilhões de pessoas
t = anos
ta = 1 ano
Tempo de execução = 100 anos
Fluxo de entrada: *nascimentos = população × natalidade*
Fluxo de saída: *mortes = população × mortalidade*
Conversores:

Figura 22:
mortalidade = ,009… ou 9 para cada 1.000 pessoas
natalidade = ,021… ou 21 nascimentos para cada 1.000 pessoas

Figura 23:
mortalidade = ,030
natalidade = ,021

Figura 24:
mortalidade = ,009
natalidade começa em ,021 e cai ao longo do tempo para ,009, como mostra o gráfico:

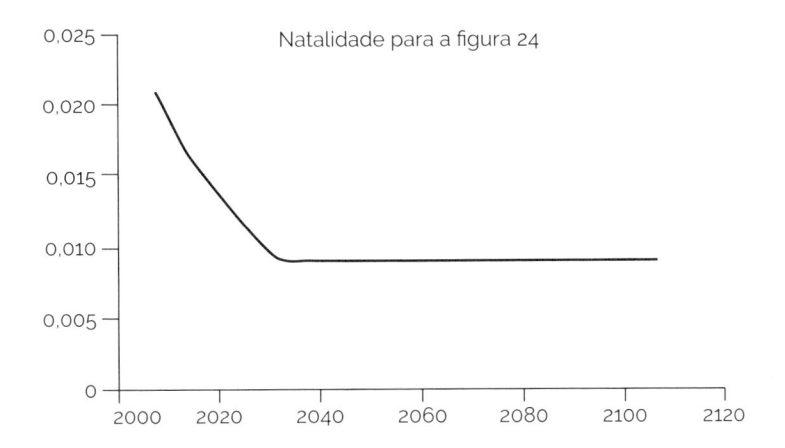

```
0,025 ┐         Natalidade para a figura 24
0,020 ┤
0,015 ┤
0,010 ┤
0,005 ┤
    0 ┼────┬────┬────┬────┬────┬────┬
     2000 2020 2040 2060 2080 2100 2120
```

Figura 26:

mortalidade = ,009

natalidade começa em ,021, cai ao longo do tempo para ,009, mas depois sobre para ,030, como mostra o gráfico:

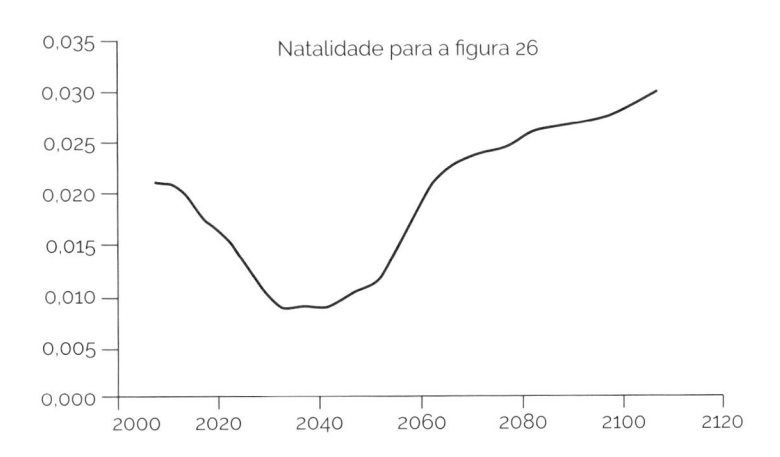

```
0,035 ┐         Natalidade para a figura 26
0,030 ┤
0,025 ┤
0,020 ┤
0,015 ┤
0,010 ┤
0,005 ┤
0,000 ┼────┬────┬────┬────┬────┬────┬
     2000 2020 2040 2060 2080 2100 2120
```

Capital – Figuras 27 e 28

Estoque: *estoque de capital (t) = estoque de capital (t − ta) + (investimento − depreciação) × ta*

Valor inicial do estoque: *estoque de capital = 100*

t = anos

ta = 1 ano

Tempo de execução = 50 anos
Fluxo de entrada: *investimento = produção anual × fração do investimento*
Fluxo de saída: *depreciação = estoque de capital / vida útil do capital*
Conversores: *produção anual = estoque de capital × produção por unidade de capital*
vida útil do capital = 10 anos, 15 anos e 20 anos... para três execuções de modelos comparativos
fração de investimento = 20%
produção por unidade de capital = ⅓

Inventário de negócios – Figuras 29-36

Estoque: *estoque de carros na concessionária (t) = estoque de carros na concessionária (t – ta) + (entregas – vendas) × ta*
Valores iniciais do estoque: *estoque de carros na concessionária* = 200 carros
t = dias
ta = 1 dia
Tempo de execução = 100 dias
Fluxos de entrada: *entregas* = 20... para o tempo de 0 a 5; *pedidos à fábrica (t – atraso na entrega)...* para o tempo 6 a 100
Fluxos de saída: *vendas* = mínimo de *estoque de carros na concessionária* ou de *demandas dos clientes*
Conversores: *demanda dos clientes* = 20 carros por dia... para o tempo de 0 a 25; 22 carros por dia... para o tempo 26 a 100
vendas percebidas = média de *vendas* sobre o *atraso de percepção* (ou seja, *vendas* atenuadas sobre o *atraso de percepção*)
estoque desejado = *vendas percebidas* × 10
discrepância = *estoque desejado* – *estoque de carros na concessionária*
pedidos à fábrica = máximo de (*vendas percebidas* + *discrepância*) ou 0... para a figura 32; máximo de (*vendas percebidas* + *discrepância/atraso na resposta*) ou 0... para figuras 34-36

Atrasos, figura 30:
atraso de percepção = 0
atraso de resposta = 0
atraso de entrega = 0

Atrasos, figura 32:
atraso de percepção = 5 dias
atraso na resposta = 3 dias
atraso na entrega = 5 dias

Atrasos, figura 34:
atraso de percepção = 2 dias
atraso na resposta = 3 dias
atraso na entrega = 5 dias

Atrasos, figura 35:
atraso de percepção = 5 dias
atraso na resposta = 2 dias
atraso na entrega = 5 dias

Atrasos, figura 36:
atraso de percepção = 5 dias
atraso na resposta = 6 dias
atraso na entrega = 5 dias

Estoque renovável restringido por um recurso não renovável –
Figuras 37-41

Estoque: *recurso (t) = recurso (t – ta) – (extração × ta)*
Valores iniciais do estoque: *recurso* = 1.000... para as figuras 38, 40 e 41;
1.000, 2.000 e 4.000... para três modelos comparativos na figura 39
Fluxo de saída: *extração = capital × rendimento por unidade de capital*
t = anos
ta = 1 ano
Tempo de execução = 100 anos
Estoque: *capital (t) = capital (t – ta) + (investimento – depreciação) × ta*
Valores iniciais do estoque: *capital* = 5
Fluxo de entrada: *investimento* = mínimo *de lucro* ou *meta de crescimento*
   Fluxo de saída: *depreciação = capital / vida útil do capital*
Conversores: *vida útil do capital* = 20 anos
lucro = (preço × extração) – (capital × 10%)
meta de crescimento = capital × 10%... para figuras 30-40; *capital × 6%, 8%,*
   10% e 12%... para quatro modelos comparativos da figura 40

preço = 3... para as figuras 38, 39 e 40; para a figura 41, o preço começa em 1,2 quando o rendimento por unidade de capital é alto, e sobe para 10 quando o rendimento por unidade de capital cai, conforme mostrado no gráfico

o rendimento por unidade de capital começa em 1 quando o estoque do recurso é alto e cai para 0 quando o estoque do recursos diminui, conforme mostrado no gráfico

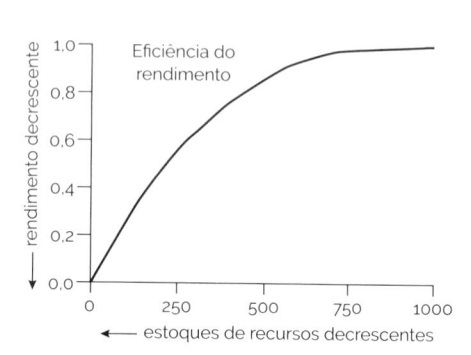

Estoque renovável restringido por um recurso renovável –
Figuras 42-45

Estoque: *recurso (t) = recurso (t − ta) + (regeneração − colheita) × ta*
Valor inicial do estoque: *recurso = 1.000*
Fluxo de entrada: *regeneração = recurso × taxa de regeneração*
Fluxo de saída: *colheita = capital × rendimento por unidade de capital*
t = anos
ta = 1 ano
Tempo de execução = 100 anos

Estoque: *capital (t) = capital (t − ta) + (investimento − depreciação) × ta*
Valor inicial do estoque: *capital = 5*
Fluxo de entrada: *investimento = mínimo de lucro ou meta de crescimento*
Fluxo de saída: *depreciação = capital / vida útil do capital*

Conversores: *vida útil do capital = 20*
meta de crescimento = capital × 10%
lucro = (preço × colheita) − capital

o *preço* começa em 1,2 quando o rendimento por unidade de capital é alto e sobe para 10 quando o rendimento por unidade de capital cai. Trata-se da mesma relação não linear para preço e rendimento do modelo anterior

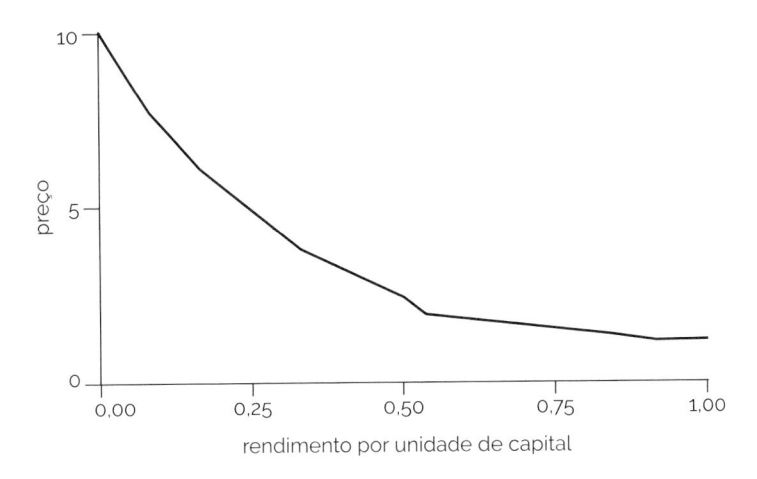

a taxa de regeneração é 0 quando o recurso está totalmente estocado ou esgotado por completo; no meio da faixa de recursos, a taxa de regeneração atinge um pico próximo a 0,5

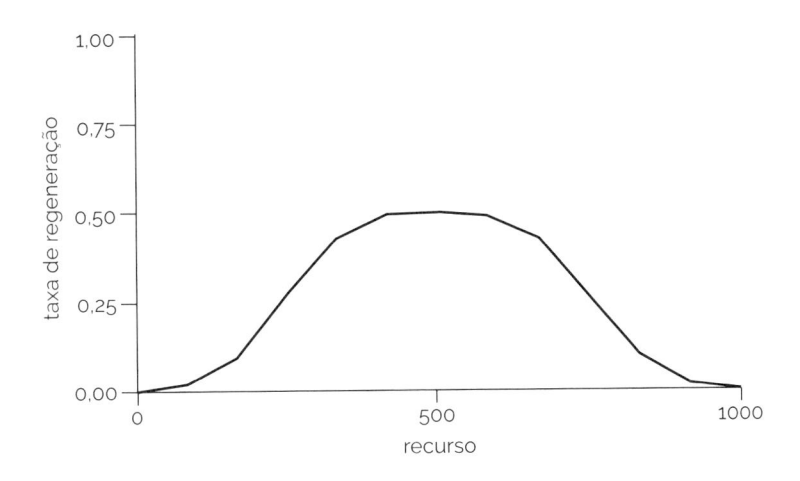

o rendimento por unidade de capital começa em 1 quando o recurso está totalmente estocado, mas cai (de modo não linear) à medida que o estoque do recurso diminui. O rendimento por unidade de capital em geral aumenta de menos eficiente, como na figura 43, para um pouco mais eficiente, como na figura 44, até o mais eficiente, como na figura 45

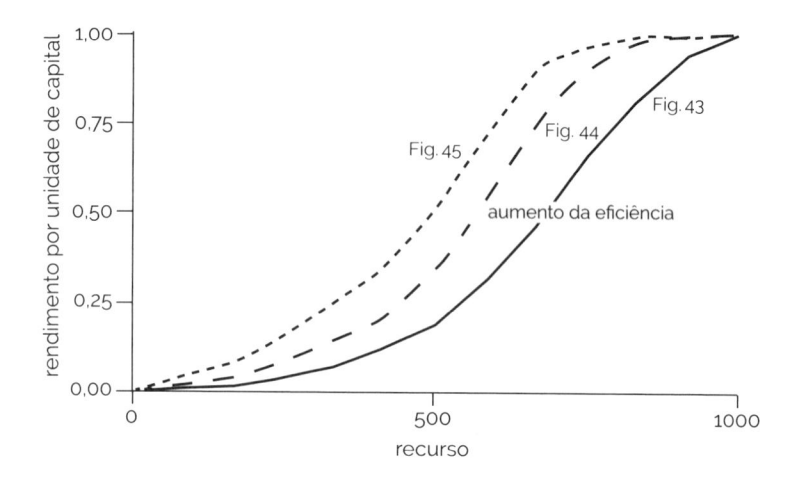

NOTAS

Introdução

1. Russell Ackoff, "The Future of Operational Research Is Past", *Journal of the Operational Research Society* 30, nº 2 (fevereiro de 1979): 93-104.
2. Idries Shah, *Histórias dos Dervixes* (Rio de Janeiro: Nova Fronteira, 1976).

Capítulo 1

1. Poul Anderson, citado em Arthur Koestler, *O fantasma da máquina* (Rio de Janeiro: Zahar, 1969).
2. Ramon Margalef, "Perspectives in Ecological Theory", *Co-Evolution Quarterly* (verão de 1975), 49.
3. Jay W. Forrester, *Industrial Dynamics* (Cambridge, MA: The MIT Press, 1961), 15.
4. Honoré de Balzac, citado em George P. Richardson, *Feedback Thought in Social Science and Systems Theory* (Filadélfia: University of Pennsylvania Press, 1991), 54.
5. Jan Tinbergen, citado em ibid, 44.

Capítulo 2

1. Albert Einstein, "On the Method of Theoretical Physics", *The Herbert Spencer Lecture*, apresentado em Oxford (10 jun. 1933); também publicado em *Philosophy of Science* 1, nº 2 (abril de 1934): 163-69.
2. O conceito de "um zoológico de sistemas" foi inventado pelo prof. Hartmut Bossel, da Universidade de Kassel, na Alemanha. Seus três livros *System Zoo* (Zoológico do sistema) contêm descrições e documentações a respeito de

mais de 100 animais, alguns dos quais foram incluídos aqui em forma modificada. Hartmut Bossel, *System Zoo Simulation Models – Vol. 1: Elementary Systems, Physics, Engineering; Vol. 2: Climate, Ecosystems, Resources; Vol. 3: Economy, Society, Development.* (Norderstedt: Books on Demand, 2007).

3. Para um modelo mais simples, ver "Population Sector" in Dennis L. Meadows et al., *Dynamics of Growth in a Finite World*, (Cambridge, MA: Wright-Allen Press, 1974).

4. Para um exemplo, ver Donella Meadows, Jørgen Randers e Dennis Meadows, *Limites do crescimento* (Rio de Janeiro: Qualitymark, 2007).

5. Jay W. Forrester, 1989. "The System Dynamics National Model: Macrobehavior from Microstructure", in P. M. Milling e E. O. K. Zahn, (orgs.), *Computer-Based Management of Complex Systems: International System Dynamics Conference* (Berlim: Springer-Verlag, 1989).

Capítulo 3

1. Aldo Leopold, *Round River* (Nova York: Oxford University Press, 1993).

2. C. S. Holling (org.), *Adaptive Environmental Assessment and Management*, (Chichester: John Wiley & Sons, 1978), 34.

3. Ludwig von Bertalanffy, *Problems of Life: An Evaluation of Modern Biological Thought* (Nova York: John Wiley & Sons Inc., 1952), 105.

4. Jonathan Swift, "Poetry, a Rhapsody, 1733", in *The Poetical Works of Jonathan Swift* (Boston: Little Brown & Co., 1959).

5. Parafraseado de Herbert Simon, *The Sciences of the Artificial* (Cambridge, MA: MIT Press, 1969), 90-91 e 98-99.

Capítulo 4

1. Wendell Berry, *Standing by Words* (Washington, D.C.: Shoemaker & Hoard, 2005), 65.

2. Kenneth Boulding, "General Systems as a Point of View", in Mihajlo D. Mesarovic (org.), *Views on General Systems Theory*, anais do Segundo Simpósio de Sistemas, Case Institute of Technology, Cleveland, April 1963 (Nova York: John Wiley & Sons, 1964).

3. James Gleick, *Caos: A criação de uma nova ciência* (Rio de Janeiro: Elsevier, 2006).

4. Esta história foi compilada das seguintes fontes: C. S. Holling, "The Curious Behavior of Complex Systems: Lessons from Ecology", in H. A. Linstone, *Future Research* (Reading, MA: Addison-Wesley, 1977); B. A. Montgomery et al., *The Spruce Budworm Handbook*, Michigan Cooperative Forest Pest Management Program, Handbook 82-7, novembro de 1982; *The Research News*, University of Michigan, abr-jun de 1984; Kari Lie, "The Spruce Budworm Controversy in New Brunswick and Nova Scotia", *Alternatives* 10, nº 10 (primavera de 1980), 5; R. F. Morris, "The Dynamics of Epidemic Spruce Budworm Populations", *Entomological Society of Canada*, nº 31 (1963).

5. Garrett Hardin, "The Cybernetics of Competition: A Biologist's View of Society", *Perspectives in Biology and Medicine* 7, nº 1 (1963): 58-84.

6. Jay W. Forrester, *Urban Dynamics* (Cambridge, MA: The MIT Press, 1969), 117.

7. Václav Havel, citado no *International Herald Tribune*, 13 de nov. 1992, p. 7.

8. Dennis L. Meadows, *Dynamics of Commodity Production Cycles* (Cambridge, MA: Wright-Allen Press, 1970).

9. Adam Smith, *A riqueza das nações* (São Paulo: Edipro, 2021).

10. Herman Daly (org.), *Toward a Steady-State Economy* (San Francisco: W. H. Freeman and Co., 1973), 17; Herbert Simon, "Theories of Bounded Rationality", in R. Radner e C. B. McGuire (orgs.), *Decision and Organization* (Amsterdã: North-Holland Pub. Co., 1972).

11. O termo "satisficiente" (fusão entre satisfatório e suficiente) foi usado pela primeira vez por Herbert Simon para descrever o comportamento de decisões que atendem a necessidades adequadamente em vez maximizar os resultados diante de informações imperfeitas. H. Simon, *Models of Man* (Nova York: Wiley, 1957).

12. Philip G. Zimbardo, "On the Ethics of Intervention in Human Psychological Research: With Special Reference to the Stanford Prison Experiment", *Cognition* 2, nº 2 (1973): 243-56.

13. Esta história me foi contada durante uma conferência em KolleKolle, Dinamarca, em 1973.

Capítulo 5

1. Parafraseado de uma entrevista de Barry James, "Voltaire's Legacy: The Cult of the Systems Man", *International Herald Tribune*, 16 dez. 1992, p. 24.

2. John H. Cushman, Jr., "From Clinton, a Flyer on Corporate Jets?", *International Herald Tribune*, 15 dez. 1992, p. 11.

3. World Bank, *World Development Report 1984* (Nova York: Oxford University Press, 1984), 157; Petre Muresan e Ioan M. Copil, "Romania", in B. Berelson (org.), *Population Policy in Developed Countries* (Nova York: McGraw-Hill Book Company, 1974), 355-84.

4. Alva Myrdal, *Nation and Family* (Cambridge, MA: MIT Press, 1968). Edição original: Nova York: Harper & Brothers, 1941.

5. "Germans Lose Ground on Asylum Pact", *International Herald Tribune*, 15 dez. 1992, p. 5.

6. Garrett Hardin, "The Tragedy of the Commons", *Science* 162, nº 3859 (13 dez. 1968): 1243–48.

7. Erik Ipsen, "Britain on the Skids: A Malaise at the Top", *International Herald Tribune*, 15 dez. 1992, p. 1.

8. Clyde Haberman, "Israeli Soldier Kidnapped by Islamic Extremists", *International Herald Tribune*, 14 dez. 1992, p. 1.

9. Sylvia Nasar, "Clinton Tax Plan Meets Math", *International Herald Tribune*, 14 dez. 1992, p. 15.

10. See Jonathan Kozol, *Savage Inequalities: Children in America's Schools* (Nova York: Crown Publishers, 1991).

11. Citado em Thomas L. Friedman, "Bill Clinton Live: Not Just a Talk Show", *International Herald Tribune*, 16 dez. 1992, p. 6.

12. Keith B. Richburg, "Addiction, Somali-Style, Worries Marines", *International Herald Tribune*, 15 dez. 1992, p. 2.

13. *Calvin and Hobbes* – quadrinhos, *International Herald Tribune*, 18 dez. 1992, p. 22.

14. Wouter Tims, "Food, Agriculture, and Systems Analysis", *Options*, Internacional Institute of Applied Systems Analysis Laxenburg, Austria nº 2 (1984), 16.

15. "Tokyo Cuts Outlook on Growth to 1.6%", *International Herald Tribune*, 19-20 dez. 1992, p. 11.

16. Robert F. Kennedy address, University of Kansas, Lawrence, Kansas, 18 mar. 1968. Disponível na JFK Library On-Line, http://www.jfklibrary.org/Historical+Resources/Archives/Reference+Desk/Speeches/RFK/RFKSpeech68Mar18UKansas.htm.

17. Wendell Berry, *Home Economics* (San Francisco: North Point Press, 1987), 133.

Capítulo 6

1. Lawrence Malkin, "IBM Slashes Spending for Research in New Cutback", *International Herald Tribune,* 16 dez. 1992, p. 1.
2. J. W. Forrester, *World Dynamics* (Cambridge, MA: Wright-Allen Press, 1971).
3. Forrester, *Urban Dynamics* (Cambridge, MA: The MIT Press, 1969), 65.
4. Agradeço a David Holmstrom, de Santiago, Chile.
5. Para um exemplo, ver o modelo de Dennis Meadows para a flutuação do preço das *commodities.* Dennis L. Meadows, *Dynamics of Commodity Production Cycles* (Cambridge, MA: Wright-Allen Press, 1970).
6. John Kenneth Galbraith, *O novo estado industrial* (São Paulo: Nova Cultural, 1997).
7. Ralph Waldo Emerson, "War", Palestra proferida em Boston, março de 1838. Reprinted in *Emerson's Complete Works,* vol. XI, (Boston: Houghton, Mifflin & Co., 1887), 177.
8. Thomas Kuhn, *A estrutura das revoluções científicas* (São Paulo: Perspectiva, 2017).

Capítulo 7

1. G.K. Chesterton, *Ortodoxia* (Campinas: Ecclesiae, 2018).
2. Para um belo exemplo de como o pensamento sistêmico e outras qualidades humanas podem ser combinadas no contexto da administração corporativa, ver o livro de Peter Senge *A quinta disciplina: Arte e prática da organização que aprende* (Rio de Janeiro: BestSeller, 2013).
3. Philip Abelson, "Major Changes in the Chemical Industry", *Science* 255, nº 5051 (20 mar. 1992), 1489.
4. Fred Kofman, "Double-Loop Accounting: A Language for the Learning Organization", *The Systems Thinker* 3, nº 1 (fevereiro de 1992).
5. Wendell Berry, *Standing by Words* (San Francisco: North Point Press, 1983), 24, 52.
6. Esta história me foi contada por Ed Roberts, da Pugh-Roberts Associates.
7. Garrett Hardin, *Exploring New Ethics for Survival: the Voyage of the Spaceship Beagle* (Nova York: Penguin Books, 1976), 107.
8. Donald N. Michael, "Competences and Compassion in an Age of Uncertainty", *World Future Society Bulletin* (janeiro/fevereiro de 1983).
9. Donald N. Michael citado em H. A. Linstone e W. H. C. Simmonds. eds., *Futures Research* (Reading, MA: Addison-Wesley, 1977), 98-99.

10. Aldo Leopold, *A Sand County Almanac and Sketches Here and There* (Nova York: Oxford University Press, 1968), 224–25.

11. Kenneth Boulding, "The Economics of the Coming Spaceship Earth", in H. Jarrett (org.), *Environmental Quality in a Growing Economy: Essays from the Sixth Resources for the Future Forum* (Baltimore, MD: Johns Hopkins University Press, 1966), 11-12.

12. Joseph Wood Krutch, *Human Nature and the Human Condition* (Nova York: Random House, 1959).

BIBLIOGRAFIA DE RECURSOS SISTÊMICOS

Além dos trabalhos citados nas Observações, os itens listados aqui são pontos de partida – para iniciar a busca por mais formas de aprender sobre sistemas. Os campos do pensamento sistêmico e da dinâmica de sistemas são hoje extensos, abrangendo muitas disciplinas. Para obter mais recursos, consulte também www.ThinkingInSystems.org (em inglês).

Pensamento e modelagem sistêmicos

Livros

Bossel, Hartmut. *Systems and Models: Complexity, Dynamics, Evolution, Sustainability* (Norderstedt, Alemanha: Books on Demand, 2007). Livro abrangente que apresenta os conceitos e as abordagens fundamentais para entender e modelar os sistemas complexos que definem a dinâmica do mundo, com uma grande bibliografia sobre sistemas.

Bossel, Hartmut. *System zoo simulation models. Vol. 1: elementary Systems, physics, engineering; vol. 2: climate, ecosystems, resources; vol. 3: economy, society, development* (Norderstedt, Alemanha: Books on Demand, 2007). Uma coleção com mais de 100 modelos de simulação de sistemas dinâmicos, de todos os campos da ciência, com documentação completa de modelos, resultados, exercícios e downloads gratuitos de modelos de simulação.

Forrester, Jay. *Principles of systems* (Cambridge, MA: Pegasus Communications, 1990). Publicado pela primeira vez em 1968, é o texto introdutório original sobre dinâmica de sistemas.

Laszlo, Ervin. *The systems view of the world* (Cresskill, NJ: Hampton Press, 1996).

Richardson, George P. *Feedback thought in social science and systems theory* (Filadélfia: University of Pennsylvania Press, 1991). A longa, variada e fascinante história dos conceitos de feedback na teoria social.

Sweeney, Linda B. e Dennis Meadows. *The systems thinking playbook* (2001). Coleção com 30 exercícios curtos, em forma de jogos, que ilustram lições sobre o pensamento sistêmico e modelos mentais.

Organizações, sites, periódicos e softwares

Creative Learning Exchange – organização dedicada ao desenvolvimento de "cidadãos sistêmicos" na educação K-12. Editora The CLE Newsletter e livros para professores e alunos: www.clexchange.org.

isee systems – empresa desenvolvedora dos softwares STELLA e iThink para modelagem de sistemas dinâmicos. www.iseesystems.com

Pegasus Communications – editora de dois boletins informativos, *The Systems Thinker* e *Leverage Points*, bem como de muitos livros e outros recursos sobre pensamento sistêmico: www.pegasuscom.com.

System Dynamics Society – fórum internacional para pesquisadores, educadores, consultores e profissionais dedicados ao desenvolvimento e uso do pensamento sistêmico, bem como da dinâmica de sistemas, em todo o mundo. *O Systems Dynamics Review* é o jornal oficial da System Dynamics Society. www.systemdynamics.org.

Ventana Systems – desenvolvedora do software Vensim, para modelagem de sistemas dinâmicos: vensim.com.

Pensamento sistêmico e negócios

Senge, Peter. *A quinta disciplina: Arte e prática da organização que aprende* (Rio de Janeiro: BestSeller, 2009). Pensamento sistêmico em um ambiente de negócios, bem como ferramentas filosóficas mais amplas que surgem do pensamento sistêmico e o complementam, tal como flexibilidade e imaginação para modelos mentais.

Sherwood, Denis. *Seeing the forest for the trees: a manager's guide to Applying systems thinking* (Londres: Nicholas Brealey Publishing, 2002).

Sterman, John D. *Business dynamics: Systems thinking and modeling for a Complex world* (Boston: Irwin McGraw Hill, 2000).

Pensamento sistêmico e meio ambiente

Ford, Andrew. *Modeling the Environment* (Washington, D.C.: Island Press, 1999.)

Pensamento sistêmico, sociedade e mudança social

Macy, Joana. *Mutual causality in buddhism and general systems theory.* (Albany, NY: Stat University of New York Press, 1991).

Meadows, Donella H. *The global citizen* (Washington, D.C.: Island Press, 1991).

AGRADECIMENTOS DA EDITORA

Muitas pessoas colaboraram para dar vida a este livro. Em seu manuscrito original, Donella (Dana) Meadows estendeu agradecimentos especiais ao Grupo Balaton, ao Grupo de Análise de Sistemas Ambientais, em Kassel, ao Programa de Estudos Ambientais, em Dartmouth, a Ian e Margo Baldwin, à Chelsea Green Publishing, a Hartmut e Rike Bossel, à High Performance Systems (hoje conhecida como isee systems), e a muitos leitores e críticos. Ela também destacou o papel de sua extensa "família da fazenda", pessoas que ao longo dos anos viveram e trabalharam em sua fazenda orgânica, em Plainfield, New Hampshire.

Como editora que preparou o manuscrito de Dana para publicação após sua morte, gostaria de acrescentar mais agradecimentos: Ann e Hans Zulliger, e a Fundação para o Terceiro Milênio, com a diretoria e a equipe do Instituto de Sustentabilidade, contribuíram com apoio e entusiasmo para este projeto. Muitos consultores e revisores analisaram o texto e os modelos, e me ajudaram a pensar em como tornar este livro útil para o mundo – Hartmut Bossel, Tom Fiddaman, Chris Soderquist, Phil Rice, Dennis Meadows, Beth Sawin, Helen Whybrow, Jim Schley, Peter Stein, Bert Cohen, Hunter Lovins, alunos da Escola de Administração Presidio (parque nacional em São Francisco, onde a escola está situada) e equipe da Chelsea Green Publishing que transformou o complexo manuscrito em um livro acessível. Agradeço a todos por seu trabalho e por nos ajudar a sermos melhores administradores em nosso planeta natal.

E, por fim, agradeço a Dana Meadows, por tudo o que aprendi com ela e com a edição deste livro.

SOBRE A AUTORA

Donella Meadows (1941-2001) foi uma cientista formada em Química e Biofísica (Ph.D., Universidade Harvard). Em 1970, ela se juntou à equipe do Massachusetts Institute of Technology, liderada por Dennis Meadows, que produziu o "World3", um modelo global de computador que explora a dinâmica da população humana e o crescimento econômico em um planeta finito. Em 1972, foi a principal autora de *Limites do crescimento*, livro que descreveu para o público geral as revelações do projeto de modelagem do World3. *Limites* foi traduzido para 28 idiomas (inclusive o português) e levantou debates em todo o mundo a respeito da capacidade de carga da Terra e das escolhas humanas. Meadows escreveu mais nove livros sobre modelagem global e desenvolvimento sustentável, e durante 15 anos produziu uma coluna semanal, "The Global Citizen" (O cidadão global), em que fez reflexões sobre o estado da sociedade e as complexas conexões existentes no mundo.

Em 1991, Meadows foi reconhecida pela ONG The Pew Charitable Trusts (Fundo de caridade Pew) como Pew Scholar (acadêmica da Pew) em conservação e meio ambiente; em 1994, recebeu uma bolsa MacArthur. Em 1996, fundou o Instituto de Sustentabilidade, de modo a aplicar o pensamento sistêmico e o aprendizado organizacional a desafios econômicos, ambientais e sociais. De 1972 até sua morte, em 2001, Meadows ensinou no Programa de Estudos Ambientais da Universidade Dartmouth.

CONHEÇA OUTROS LIVROS DA EDITORA SEXTANTE

O poder do infinito, de Steven Strogatz

Impacto positivo, de Paul Polman e Andrew Winston

A navalha de Ockham, de Johnjoe McFadden

O ponto da virada, de Malcolm Gladwell

Essencialismo, de Greg McKeown

Lunáticos, de Safi Bahcall

A vida secreta das árvores, de Peter Wohlleben

O trabalho no século XXI, de Domenico de Masi

Brasil: paraíso restaurável, de Jorge Caldeira (selo Estação Brasil)

Para saber mais sobre os títulos e autores da Editora Sextante,
visite o nosso site e siga as nossas redes sociais.
Além de informações sobre os próximos lançamentos,
você terá acesso a conteúdos exclusivos
e poderá participar de promoções e sorteios.

sextante.com.br